亲水建筑

Building with Water

Dedicated to Brenda, Max and Amy Ryan

献给布伦达、马克斯和埃米·瑞安

亲水建筑
Building with Water

Concepts | Typology | Design

[美] 佐薇·瑞安 著

梁　蕾　焦国荣 译

中国建筑工业出版社
CHINA ARCHITECTURE & BUILDING PRESS

著作权合同登记图字：01—2011—2453号

图书在版编目（CIP）数据

亲水建筑／（美）瑞安著；梁蕾，焦国荣译. —北
京：中国建筑工业出版社，2014.3
ISBN 978-7-112-16056-3

Ⅰ.①亲…　Ⅱ.①瑞…　②梁…　③焦…　Ⅲ.①理水
（园林）—景观—园林设计　Ⅳ.①TU986.4

中国版本图书馆CIP数据核字（2013）第261314号

责任编辑：孙书妍
责任设计：董建平
责任校对：王雪竹　关　健

亲水建筑
Building with Water
[美]佐薇·瑞安　著
梁　蕾　焦国荣　译

*
中国建筑工业出版社出版、发行（北京西郊百万庄）
各地新华书店、建筑书店经销
北京锋尚制版有限公司制版
北京方嘉彩色印刷有限责任公司印刷
*
开本：880×1230毫米　1/16　印张：10　字数：320千字
2014年3月第一版　2014年3月第一次印刷
定价：96.00元
ISBN 978-7-112-16056-3
　（24831）

目录

前言
流动的力学：水上建筑

桑德罗·波提切利，《维纳斯的诞生》，1485年

卡斯帕·大卫·弗里德里希，《云海上方的漫游者》，1818年

J. M. W. 特纳，《奴隶船》，1840年

各种形式的水是生命的必需品。水是世界上最有价值的资源之一，被称为"蓝色的石油"。[1]水既是一种我们永远要努力保护、节约、净化和再利用的资源，也是一种我们持续与之斗争以保护自己的自然元素，例如，人类要防止海平面的上升，还要应对水灾的威胁。随着人们日益重视生活、工作和娱乐与环境之间的联系，水在有关新建筑和城市规划的讨论中成了核心的问题。因此，是时候来讨论一下水上建筑了，并且研究一下许多创新性和试验性的相关项目，希望能启发初步了解水的重要性并致力于将这些重要问题付诸努力的建筑师、设计师和工程师们，创造出新形式的思维和实践来迅速改变我们与这种自然资源的关系。

水是一种象征

水作为生命源泉和象征的重要性不言而喻。由于水有着维系生命、抚慰身心和有益健康的特性，我们无法离开水而生存。尽管水覆盖着地球表面大约2/3的面积，但只有其中的3%是淡水，而淡水中又有2/3是冰川，其余的一大部分还封在地下。因此，地球仅有1%比例的水在供养着陆地上的生命。就是这一点必需的水为所有形式的生命提供着生计，并且是社会发展的基础。巴普蒂斯特·凡·海尔蒙特（J. Baptist van Helmont）是一位佛兰德化学家、生理学家和医学家，在他1662年死后出版的《公平实验》（Oriatrike or Physick Refined）一书中写道，"所有的土和泥，乃至每个可触到的躯体，实际的本质都完全是水的产物，而且又以自然和艺术的方式分解到水里……"[2]

所有文化的宗教、文学和艺术中都有对水的表现。在宗教世界，水是极为神圣的——从约旦河的洗礼到印度宗教节日期间恒河中例行的浸礼。泉水也是受到人们推崇之物。从英格兰古老的巴思温泉到现代的佛罗里达温泉，人们认为这种自然的水资源对身体的净化和灵魂的恢复都是有益的。如同桑德罗·波提切利（Sandro Botticelli）1485年的画作《维纳斯的诞生》（The Birth of Venus）所展示的，画中维纳斯站在一个扇贝形状的壳里从海中升起，似乎从水中获得了她的魅力，新鲜和洁净的水就等同于健康和美丽。

与这种作为基本资源来供养生命的特性相反的是，水也会威胁并夺走生命。德国浪漫主义画家卡斯帕·大卫·弗里德里希（Caspar David Friedrich，1744～1840年）在1818年的画作《云海上方的漫游者》（Wanderer above the Sea of Fog）中描绘了人面对自然时的无力，画中，一个孤寂的人在广阔狂暴的大海之上向外望去。20年后，特纳（J. M. W. Turner）在《奴隶船》（The Slave Ship）中描绘了大海的危险，这幅作品画于1840年，也成了针对奴隶制行为的一个著名的政治评论。更多的近代艺术家将城市水道视为一种资源，来启发和探索相关的工作，进一步认识水与建筑环境之间的内在关系。如奥拉维尔·埃利亚松（Olafur Eliasson），2008年创作的"纽约城市瀑布"（The New York City Waterfalls）。由高约27～32米的脚手架柱构成的三个瀑布装置安装在沿着东河的基地上，从下曼哈顿区就可以看到这个景观。水流从东河用泵抽到高处，然后从结构上

特莱维喷泉，罗马，意大利，1762年

如瀑布般倾泻而下，产生雷鸣般的效果。像埃利亚松的许多项目一样，瀑布激发人们去探索水的边界，并展现了这种自然水道的力量，它不断地在城市中变化着状态和风采。

公共空间中的水

让我们思考一下历史上与这种自然资源互动的例子，这有助于让我们充分了解与水的关系。查尔斯·摩尔（Charles Moore）认为，罗马是第一个完整开发建筑环境和水之间的新型关系之潜力的城市，例如罗马城里完成于1762年的特莱维喷泉，由建筑师尼古拉·萨尔维（Nicola Salvi）设计。希腊海神像雄壮地屹立在凯旋门的中央，保护着水井，就像神话中大海的保护者和希腊万神庙中的教父。循环的水从上方瀑布般流下，在下方的水池中收集起来，然后再抽到上方，就像是对生命自然循环的一种强烈的隐喻。如摩尔所写的，"四周，水飞溅着，吐着泡沫，搅拌着，喷射着，抚摸着岩石礁石，不仅如此，在晚上，它闪烁着光芒在周边石墙、窗户和中世纪拱廊的表面上舞蹈着。特莱维喷泉是水和建筑最基本的联系。"[3]于是喷泉开始成为许多著名集会空间的特征，例如巴黎的香榭丽舍大道（1724年）和伦敦的特拉法加广场（1845年），以及芝加哥的格兰特公园（1901年）。

喷泉不断地为公共空间注入着活力。在法国波尔多，位于海关码头的镜面广场自2006年完成以来，总是给行人以意想不到的突然袭击。这个喷泉由景观建筑师R工作室（Atelier R）和水景设计师JML事务所设计，有一个狭窄的水池周

期性地向广场喷水，然后喷头缩回，几分钟内消失，看不见一点踪迹。芝加哥格兰特公园中有着著名的白金汉喷泉（1927年），是世界上最大的喷泉之一，现在这个公园也是皇冠喷泉的所在地。皇冠喷泉让人们有着完全不同的体验，由西班牙艺术家乔玛·帕兰萨（Jaume Plensa）设计，安装于2004年，是这个城市商业区最受欢迎的室外景观之一。它位于千禧公园内，临近芝加哥艺术学院，吸引着许多成人和儿童。水从一座媒体墙上喷泻下来，经过广场的两边，形成一个适合涉水的狭窄的水池。有2000位芝加哥市民脸部的图片在媒体墙上变换。隔一段时间，水就从墙上人脸的嘴巴里喷向愉快而无防备的行人，令人们惊慌失措。

滨水带复兴

在城市规划中，城市滨水带已经成了内容丰富的地区，并作为建造健康城市的关键部分被重新开发。通观历史，运河、河流、湖泊、海洋和大海形成了大城市的边界或分割线，决定了城市地区的地形特征。这些水体用作防御、贸易、运输、工业和娱乐，通常成为最初形成一个城市的原因，并慢慢限定这些城市，而且在城市生动而独特的特性中起着重要的作用。

影响城市发展的最重要的事件是19世纪诸如纽约、伦敦、鹿特丹、芝加哥、里斯本、里约热内卢和开普敦这样的商贸城市发展成为工业港口城市。当蒸汽船在全球将货物运输得更远，运输量更大，世界上许多城市滨水带呈现出工业

奥拉维尔·埃利亚松设计，"纽约城市瀑布"，纽约的一个由4个人造瀑布组成的装置，美国，2008年

镜面广场，波尔多，法国，R工作室和JML事务所设计，2006年

皇冠喷泉，芝加哥，伊利诺伊州，美国，乔玛·帕兰萨设计，2004年

乔治·修拉，《大碗岛的星期日》，1884～1886年

布赖顿码头，苏塞克斯郡，英格兰，开放于1899年。码头一直是这座城市最受欢迎的旅游胜地之一

区的特征，有着仓库、码头和木头桥墩。除了重工业机械的潜在危害，这些地区集中的活动也带来了大量的人口，变得既不适合居住也不适合休闲娱乐。滨水带与城市社会、文化和娱乐生活之间形成一种割裂。

但与这些情况矛盾的是，人们喜欢去城市的滨水带休闲，容易到达的滨水带往往是城市居民周末最喜欢的目的地。在乔治·修拉（Georges Seurat）创作于1884~1886年的《大碗岛的星期日》（*A Sunday on La Grande Jatte*）中，他描绘了巴黎郊外塞纳河一个小岛上游人如织的情景，人们在这儿钓鱼、划船、野餐、散步，如今这幅画非常著名。为了响应工人家庭改变生活方式、增加休闲时间的政策，沿着欧洲北部海边曾经开发了许多休闲度假区。英格兰南海岸的布赖顿是在皇家的监督下建造的，这座城市所采用的建筑语言可以作为一种未来的典范休闲名胜在整个欧洲复制。这里有着雄伟的建筑、林荫大道和海滨人行道。布赖顿也因其525米长的码头而著名，这个码头开放于1823年，总是有着吸引人的东西，比如摩天轮之类的。1841年，第一条通往布赖顿的铁路扩大了这座小镇在当地的影响。来自伦敦等城市的工人阶级家庭会到这里来进行为期一天的旅行。在19世纪后半叶，其他城市也纷纷仿效，如美国纽约附近的康尼岛和新泽西州的亚特兰大，以及欧洲的蒙特卡洛，后者以其木板路、娱乐中心和赌场而著名。

20世纪后半叶，由于集装箱运输的需要，工业滨水带的概念发生了巨大的改变。由于船运工业中大量的工作转移到了城市的郊区进行，出于经济和后勤的必要，在全世界的城市地区都有大面积的码头以及与码头相关的建筑和空间被遗弃。这些地区被有毒的废物所污损，很快遭到弃用和闲置。艺术家戈登·玛塔-克拉克（Gordon Matta-Clark）在1970年代中期对曼哈顿后工业时期的滨水带做了一项广为人知的开发，他的作品包括"一天的尾声/52号码头"（Day's End/Pier 52），这个作品即他在甘斯沃尔特街上一个码头仓库的墙上掏了一个月亮形的洞。他的行为开启了令人意想不到的视野来观察哈德孙河，并激发了对这一大片被遗忘的城市地区的再开发。

城市的前景在20世纪后半叶发生了巨大的变化。不再被城市的工业传统所主导，而是城市的社会和文化生活被基于服务的新经济所刺激。因此，滨水带作为一个有潜力的地块被重新开发，因为和水相接触的体验与新的居住、文化和娱乐开发紧密相关，能提供一种城市和乡村混合的特征，城市本该如此。安妮·布里恩（Ann Breen）和迪克·里贝（Dick Rigby）是华盛顿特区滨水中心的共同设计者，他们声称，城市滨水带规划和开发成为一种"动人而有力的市民兴趣"。[4]自1960年代开始，美国沿着各种各样的城市滨水带兴建了大规模的更新项目，例如巴尔的摩内港；西雅图港口区自从1970年代一直在进行复兴；波士顿的商业区滨水带自1980年代中期开始开发；还有旧金山的英巴卡迪诺区，是因为1991年英巴卡迪诺高速公路的搬迁改造而来，这条公路在1989年的洛马普利塔地震中被损坏。这些娱乐、商业、文化和居住场所进行的大规模规划为其他城市提供了新的生活、工作和娱乐空间的典范。如今，新的滨水带开发开始成为不同的城

千禧桥，伦敦，英国，福斯特及其合伙人建筑事务所设计，奥雅纳公司和安东尼·卡洛爵士建造，2000年。这座人行桥连接了泰晤士河南北两岸，位于圣保罗大教堂和泰特美术馆之间

泰特美术馆，伦敦，赫尔佐格与德梅隆设计，2000年

康尼岛上的建筑，布鲁克林，纽约，美国。自从1829年以来，康尼岛成为富裕城市居民经常光临的海滩

市更新项目的特色，如巴塞罗那、上海、东京、首尔、横滨、利物浦、巴伦西亚、贝尔法斯特、都柏林、布里斯托尔、布宜诺斯艾利斯、神户、里耶卡、斯普利特、圣彼得堡、雅加达、开普敦、阿姆斯特丹、伦敦、马尼拉和大阪。

在1990年代后半叶，标志性建筑成为广受喜爱的城市开发的标志和象征，不论是对以前工业建筑的适应性再利用还是添加到城市框架中的创新的当代设计，如毕尔巴鄂的古根海姆博物馆。由弗兰克·盖里（Frank Gehry）所设计的备受赞扬的毕尔巴鄂古根海姆博物馆开放于1997年，成了城市区域范围内复兴的关键。还有，像赫尔佐格与德梅隆设计的伦敦泰晤士河南岸的泰特美术馆这样的项目，说明了新的建筑有能力改变城市的边界，激发了城市与其滨水带之间的相互作用，并提供了用来识别和理解城市生活的新标志。

在世界上的其他地方，人工建造的景观促进了史无前例的与水的联系。如景观设计师阿德里安·古兹（Adriaan Geuze）所说的："这些新东西简直像是大面积地把沙撒成煎饼似的来形成陆地。"[5]他强调的是那些在亚洲和波斯湾地区的前沿例子。在阿联酋，整个城市景观都在人工岛屿上开发，总共覆盖大约100平方公里的面积。例如，朱美拉棕榈岛、杰贝勒阿里棕榈岛和德以拉棕榈岛，迪拜海岸线之外的这个岛群是世界上最大的陆地开垦工程，也将成为世界上最大的人工群岛，每座岛屿上坐落着超过2500处房产。该项目由穆罕默德–本–拉希德–阿勒马克图姆（Sheikh Moham-med bin Rashid Al Maktoum）委托，目的是努力促进迪拜的旅游并增加人口，是将迪拜改造为居住、休闲、娱乐、商业和贸易中心的规划的一部分。对于新开发的可能性似乎无穷无尽。但是，评论家提出，要注意建筑的生态和环境可持续性责任，并与当代的社会和政治形势相适应，在快速建设之余，要保证这些开发的使用期限。全世界对这些雄心勃勃的项目完成后的前景拭目以待；它们的长期生命力和生态安全性还有待评估。

尽管滨水带的特性为开发提供了一种独特的区域，承担着社会、休闲和环境的意义，并且服务于政治和生态的意义，建筑环境和水之间相辅相成的潜力并不是通过一些简单化的方法就可以实现的，而是要通过复杂而综合的过程，需要谨慎的战略、可持续的投资时间和资金，最重要的是研究和设计开发。而且即使决定之后，也还需要不断地重新斟酌。

水灾的威胁与应对

正如最近的历史提醒我们的，自然气候系统清晰地表明了与水共生是多么戏剧化的一种现实，这种珍贵的资源要么多得来势汹汹，要么少得珍贵无比。急速融化的冰川威胁和世界上许多地方极度的干旱强调了水和建筑环境之间的内在联系。自然灾害变得多种多样，比如2008年1月在莫桑比克发生的由大雨引发的洪水；2004年印度尼西亚苏门答腊岛海岸附近的地震引发的一系列海啸，夺走了11个国家超过225000人的生命；还有2005年8月卡特里娜飓风导致的严重破坏和人类悲剧，在那场灾难中，路易斯安那州的堤坝决口，引起了美国海湾沿岸大规模的水灾。

这些例子只是近年来强调水与建筑环境之间多方面联系的灾害的一部分。世界上的建筑师、设计师和相关的专业人员在他们的设计工作中要对这些危害负责。在中心议题是水的双年展、展览和各种会议中，这个工作已经成为核心问题。[6]

2008年，美国历史频道举办了一场名为"未来城市"的竞赛，邀请建筑师们为从现在往后100年的城市可能是什么样的提出方案。纽约建筑研究事务所（Architecture Research Office）提出了可能是最惨淡的一种前景，他们设想2106年由两极冰冠消失导致的海平面上升所引起的猛烈洪水将会使我们最熟悉的一些城市和地区面目全非。他们预言曼哈顿会变成一个由生活、工作和娱乐空间组成的新网格，建造在地面之上，由太阳能提供能量，这个网格与现有的摩天大楼交织在一起，替代现有的街道景观，因为那时这些街道将被深深地埋在水下。

位于芝加哥的城市研究室（UrbanLab）提出的方案也很令人警醒，这个建筑和城市设计工作室将自然水资源潜在缺乏的原因归于增长的需求。莎拉·邓恩（Sarah Dunn）和马丁·费尔森（Martin Felsen）是工作室的创始人，他们为家乡的新水系做出了规划，为世界提出了一个水源再利用的例子。他们设计了一个独立的系统，将水从密歇根湖抽上来，然后洒在一条"生态林荫大道"上，然后通过一个自然的处理系统将水变成这条生态大道的资源。两人表明，这个生态林荫大道将起到"绿色基础设施"的作用，"净化并运送水"，但也包含"多种多样的景观元素，包括湿地、草

棕榈岛是阿联酋的人工岛群，目前上面正建造着用于商业和居住的建筑

2008年，莫桑比克遭受了严重的洪水灾害，迫使10万人离乡背井

2005年，卡特里娜飓风袭击了美国海湾，是美国历史上引起经济损失和人员死亡最大的飓风之一，造成了数千房屋和重要基础设施的破坏

卡特里娜飓风之后的洪灾。最严重的生命和财产损失发生在路易斯安那州的新奥尔良，在那里由于堤坝系统的故障而发生了洪灾

建筑研究事务所为"未来城市"竞赛所做的方案重点是在曼哈顿插入一系列"叶片"或新型的多功能建筑,替换现有的街道景观,他们预言这些原有的街道景观最后会深深埋入水下。发着光的蒸腾的塔楼坐落在城市边缘周围,其用途是提纯足够的水来满足城市的全部需求

相互联系的新建筑"叶片"系统细部景观。方案设计了壳或膜的外皮结构覆盖着多层的建筑,会收集太阳能来提供能源,并且能向着风向敞开,给每个单元或整个通廊通风

湖

现有公园

开发

废弃工业用地

生态林荫大道

生态建筑

···· 交通流线

生态林荫大道系统的规划图(上图2030年,下图2060年),这是2008年由城市研究室提出的一个关于芝加哥的规划概念。开放的绿色空间蔓延整个城市,联结起了历史上形成的人种的和经济的边界,并创造出聚会和娱乐空间以及社区公园

原、步行/自行车道、开放绿地、休闲空间、沼泽、花园、农场等等"。方案将建成环境中的环境和生态需要置于新的与水有关的系统以及城市社会和文化生活的最首要之处。城市研究室最近正在开发他们的计划,作为芝加哥整个地区最先试点的一部分。

很显然人类由于发展产生的工业废物给环境带来巨大的负面影响,在及时消除环境灾害方面,景观起着非常重要的作用。例如,2004年印度洋海啸之后,研究人员得出结论:沿着海岸森林地区,特别是红树林,受恶劣气候条件的破坏比没有这种自然生长的植物缓冲的地区要小。印度金奈市的斯瓦米纳坦研究基金会(M. S. Swaminathan Foundation)主持的一项研究指出,在受海啸影响最严重的五个国家——印度尼西亚、斯里兰卡、印度、泰国和马尔代夫——中,从1980年到2000年间,人类的活动导致了红树林26%的面积减少。研究还表明,红树林除了能保护地区不受严重天气和侵蚀的破坏,还能加强人造设施所不能提供的对渔业和林业的保护。[7]

尼尔·伯格斯(Neil Burgess)是世界野生动物基金会的一位保护专家,他研究出一种"路易斯安那州湿地退化"与例如印度这样的国家中红树林破坏之间的联系,他声称湿地退化"增加了卡特里娜飓风的破坏力,这几乎是可以确定的"。[8]

新奥尔良地区的密西西比河是这个国家最大的港口所在地,而且这个国家所用的1/4~1/3的石油和天然气是从北面的中心海湾生产或运输的。据估计,自1930年代以来,这里有4000平方公里的湿地消失了,还有4000平方公里会在未来40年内消失,增加了将来无数灾害的风险。为了解决这一问题,无数研究项目开始关注起这个密西西比

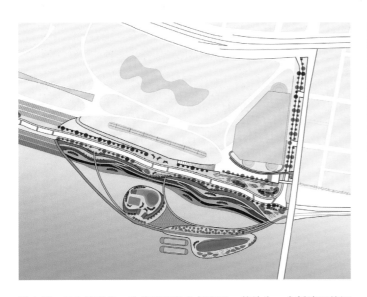

戴安娜·巴尔摩里为一次竞赛所做的规划图，基地为一个新填平的河边，漂浮的人行道和漂浮的小岛使人可以在密西西比河上居住，并提供了美国密苏里州圣路易斯市及其滨水带之间更多的连接，滨水带是城市新开发计划的一部分

戴安娜·巴尔摩里为密苏里州圣路易斯市新滨水带开发所做的方案，包括一系列能在水面上滑动的弯曲的人行道，这样就能使小岛和陆地无缝连接起来

河流域交通繁忙的地区，致力于恢复该地区消失的红树林，这些红树林是因为海滩侵蚀以及石油和天然气重工业的有毒化学排放物而消失的，而它们作为自然的防护屏可以减少未来飓风的风险。

戴安娜·巴尔摩里（Diana Balmori）是一位致力于密西西比河沿岸项目的景观设计师。她指出，在历史上"水的问题总是伴随着控制的问题"。她最近正在研究利用水而不是抵挡水的更优化的方法。"我们希望为我们的水边重新制定出措施，并提出许多新的合理而冷静的想法，这些想法的基础是各种利用水的方法，可以有助于减少多变的气候条件之中洪水所造成的危害，并提供新的机会来与水共生。"

巴尔摩里提倡关于滨水带的新思路，"不能仅仅像图画般好看"[9]。她位于纽约的工作室带着对这种自然资源流动性的高度敏感，正在激进地重新开拓水上建筑的实践。他们最近的一个项目位于圣路易斯市，这个项目将在埃罗·沙里宁（Eero Saarinen）设计的杰斐逊国家扩展纪念碑前面的基地与密西西比河之间形成更紧密的联系。她的团队正在着手处理这片景观，把它做成以漂浮的岛屿的形式建造的建筑，拴在岸上，随着水面高度的变化而升起和落下。这些岛屿配备了可供划船和滑冰的设施，还可以进行其他的活动，比如就餐。岛屿的设计中配备的装置特别顺应了密西西比河的水流和循环。在高水位，漂浮的岛可以通过浮桥人行道到达，其他人行道则是固定的，此时便沉入水中。当水面下降，人行道就静止在地面层上，将岛和河岸之间连接起来。巴尔摩里认为这个系统利用了"变换的水平面的动力"[10]。并且，她

应用了一些新技术：例如，与海军建筑公司Consulmar公司合作，他们开发了一种用三角形框架做成的结构，带有容纳植物的开口，可以支撑和覆盖水生植物，同时有助于清洁水，并为河里的生物形成一个保护区。

最近的纽约－新泽西上海湾规划是一片从下曼哈顿到北部的城市东西两边跨越整个纽约城的滨水带，还包括用群岛和礁石、潮汐的湿地以及公园创造出的一条有弹性边缘的海岸线。由各学科专家组成的团队由结构工程师盖伊·诺登森（Guy Nordenson）带领，他是普林斯顿大学的一名教授，这个团队包括位于纽约的建筑研究办公室（Architecture Research Office）和凯瑟琳·西维特工作室（Catherine Seavitt Studio），由美国建筑师协会"拉特罗伯奖"（Latrobe Prize）的委员资助，最近正致力于对纽约－新泽西上海湾的研究。上海湾复杂的海岸线，加上气候的变化，以及追溯到这个曾经的工业滨水带转化为更多娱乐功能所形成的社会和环境模式，使得这个项目充满挑战。他们庞大战略的关键之处是城市与水的演变关系，由于海平面迅速地升高，他们预言，到2050年，这将会剧烈地影响当地的基础设施、生态系统和沿岸社区。团队没有提出传统的工程防御工事，例如海堤或护岸，而是设想了一个更灵活的方法，包括：在上海湾用从疏通海湾底部挖掘出来的垃圾建造了一些岛屿，由潮汐湿地、码头、公园和新建筑组成一条新的海岸线；方案最后形成的是一个新的区域划分的过程，可以形成公共－私人的合作关系来驱动开发，这个开发会根据需要的变化而随时改进，不论是环境的、社会的还是文化的变化。最后，

为纽约-新泽西上海湾所做的一个方案，纽约，美国，由盖伊·诺登森领导的团队设计。他们致力于将这个地区从原来的工业海岸转变为生活和娱乐空间。方案采用多种设计方法，包括在上海湾建造由垃圾做成的岛屿，以及潮汐湿地、码头、公园和新建筑开发

纽约-新泽西上海湾方案规划的航拍图。设计的框架主要是创造一个随着时间进化的环境，能够满足生态、技术和经济问题的变化

这个团队的策划用400页的文件展示出来，被认为是一个灵活又让人理解的设想，不仅满足了单独的环境、技术和生态方面的要求，而且主旨是期望提高整个城市生活质量。为了与当代思维和实践相符合，团队的"软方法"采用了分层程序，例如住宅和公园或淡水储存、城市农场和湿地水产业。方案的目标是不仅管理现有的条件，而且要鼓励新的开发，并支持港口地区的生态复兴。"最后，我们将上海湾展望为一个新的地区中心"，建筑研究办公室的负责人亚当·雅仁斯基（Adam Yarinsky）说。"这个方案将自然、商业、文化和娱乐结合进一种21世纪的中心公园中。"[11]

建筑师斯坦利·艾伦（Stanley Allen）是纽约-新泽西上海湾项目的一位顾问，也是普林斯顿大学建筑学院的院长，并且从事过几个致力于解决洪水防护问题的滨水带项目。这些项目包括中国台北一个1公里长的区域规划，这个区域濒临着淡水河，并以基隆河为边界。2008年，艾伦位于布鲁克林的工作室受台北市政府的邀请来为这个滨水的基地和一个附近的停车库提出创意。这个项目的挑战是重新将基地与城市连接起来——最近这个基地被停车场和其他不合标准的用途所占用，并且形成了一个接近城市东西轴线西端滨水带的公共空间。这个项目最大的障碍是台北市现存的一面挡住两条河流系统的8.6米高的防洪墙，在台风季节期间对河流洪水的防护主要靠这座防洪墙。这个滨水带有着反复无常的自然条件，每年都要经历剧烈的气候变化，限制了一些物种往此处的引进，但有些植物是在这种有害条件下也能生存并茁壮成长的。淡水河流域是台湾最重要的红树林生长地

之一，这激励了艾伦提议在他的项目所覆盖的滨水带延伸带上种植一片红树林。

设计师最初提出一系列概念，在陆地上高出洪水到达范围之外的最高点架桥，或在防洪墙上方架桥，并加入各种各样的景观元素。后来设计者想出了一个利用防洪墙本身来解决问题的方法：将它转化成接近滨水带的一部分，并在水边用一个弯曲的形式重新塑造防洪墙的形状，在一些部位推出，将城市延伸向水，而在另一些部位向内缩进，将水拉近陆地。"通过将墙在不同的地方向外和向内推出或拉近，我们可以解决这个障碍，保持同样的防洪能力，同时更丰富的方法开发了景观，并在结构的顶端设计了一个高层的人行道，使人们欣赏到贯穿城市和水边的景色"，艾伦解释道。[12]通过在一些部分大大增加墙的厚度，设计团队可以在墙的结构之内设置一个停车库和其他规划，将这些设施分散地隐藏在结构之中，空间变得非常自由，成为一种景观。这个具有深刻见解的设计将城市一侧更多的地区开发成公园和绿色空间，由防洪墙保护着，还在临水的一侧创造了由本土的耐水植物形成的新湿地，并在2009年获得了《建筑师》（Architect）杂志的建筑进步奖。一座公共建筑屹立在停车库之上，这个设计既满足了商业设施用途的再开发，也与附近地区相关的规划相适应，诸如环境中心和鸟类饲养场。尽管艾伦注意到现有的墙仍然让人回忆起以前军事工程目的，即不惜一切代价把水排除在外，但他说明"由于我们的工作只接触到一小部分防洪系统，我们不能改变整个系统，但可以小规模地提供一种新的思维，既满足防洪功能又有象征意

沿台北滨水带的基地现状表明8.6米高的防洪墙保护着城市不受有害天气条件和水面上升的侵害，但也将滨水带与城市切断

斯坦利·艾伦对一个重新装配的海岸线的设想，重新命名为弯曲的波浪公园（Serpentine Crest Park），将会保留必要的防洪墙，并把其他地区开放为公共用途。为基地建议的计划性的用途包括瞭望点、一个雕塑公园、一个游泳池、一个露天剧场、一个游艇码头、一个生态学习中心以及餐馆和咖啡馆等设施

▨ 有着红树林和草坪的梯田形景观用地
▨ 有瞭望点的地区
▨ 硬地：网球场、公共集会空间和一个贝壳形停车场
■ 带有一个鸟类饲养场的多功能塔楼

方案提出的弯曲的波浪公园北部鸟瞰图，表明新公园是如何将城市和滨水带结合到一起的。中央是一个新的多功能塔楼，提供既有商业又有居住的空间

义。我们接受水的存在，并且通过倾斜的表面和各种各样的滨水带条件，我们加强了城市与河流的相互影响。"他总结道："我们的设计最终要与水合作而不是反抗水。"[13]

水的中立性

正如这些项目所表明的，与水的关系越来越在新的城市规划系统中起着主导作用。全世界关注的另一个事实是我们对健康生态系统日渐增长的依赖。这似乎是不言而喻的，许多新的建筑和规划项目在降低对环境的负面影响方面仍然做得远远不够。例如，在美国，非营利的组织如绿色建筑协会（Green Building Council）和2030建筑会（Architecture 2030）曾就建筑部件的放射性做过可靠的统计，并且提出建筑和开发项目在规划、设计和建造的过程中应改变方式，尽量大大减少这些有害的放射。对于滨水带环境中的项目，水的中立地位，或者能与自然水体共生的规划，变得非常必要。庞大的金银岛规划是过去几年中出现的最富想象力的项目之一，金银岛是旧金山-奥克兰海湾大桥北边一个160公顷的前海军基地。这个岛目前有大约1400人居住，正在进行城市测绘，希望可以把它开发成一个为13500居民服务的生态城市中心。金银岛建造于1939年金门国际展览的堆填区上，在第二次世界大战期间被划为一个海军基地。1990年代后期，金银岛停止了军事用途，那时，使每天的生活条件更有可持续性的观点正日益增长，在这种激励下，人们对于如何保护和发展金银岛

进行了一系列的研究。"在过去，好的设计意味着减少我们对环境的影响。如今，却是相反的，"让·罗杰（Jean Roger）解释说，他是奥雅纳设计顾问公司的一位环境工程师，负责金银岛项目的工作。[14]该项目把这个岛设想为一个高效能源、可更新能源生产和废物管理的试验基地，把水的存储、保护和再利用作为规划的中心，来满足整个水文循环的需要。"气候变化、天气模式和上升的海平面决定了我们要考虑整个岛的生物圈"，罗杰指出，他的团队决定通过利用基地上的湿地来建造对暴雨进行收集、处理和再利用的便利设施，最后能减少40%的饮用水消耗，相当于大约每天使用270升水，而不是455升，后者是美国的日平均用水量。通过对水循环的研究，罗杰相信他们可以开始模仿自然系统；其他的新计划和措施包括在基地内对中水的处理和再利用，来满足100%的非饮用水需要。如罗杰宣称的，"由于受到气候变化、海平面上升、暴雨、地震和遗留在岛上的污染危害的影响，金银岛的环境非常脆弱，这要求一个有抱负的设计来安全地改造这个岛。通过可持续改善和新技术的实现，我们希望金银岛将作为一个创新的地方再一次吸引参观者。"[15]

《亲水建筑》中所选择的建筑项目——这些项目坐落于河流、湖泊以及海岸线和滨海区——都因为其创新的方法和高质量的设计，在视觉上和物质上与其基地联系在一起。在所有的例子中，水都是项目的推动力。然而，水并不是被当作装饰品来对待，而是决定设计的元素。这些项目证实，滨水带正在成为全球性的富有创造力的大规模再开发的区域。

这些多样的实例研究，从概念和规划到在建以及近期完成的项目，说明了各种积极因素——环境的、生态的、社会的、技术的、经济的以及道德的——正在驱动着日益严峻的开发，并为与水有关的新类型建筑设定准则。这些项目分成"艺术和文化建筑"、"生活建筑"、"娱乐建筑"以及"工业和基础设施"几个类别，每一种功能都有其独特的类型。

本书中的22个项目深度探讨的范围从文化中心、住宅，到商业、工业设施，以及娱乐设施等。文化中心如音乐厅、博物馆和表演艺术场所，提升了滨水区的体验并赋予市民自豪感。有创造性的住宅解决方案，如高层生活的新概念，以及通过补救措施将原先有毒的废地改造成适合居住的住宅设计。商业设施包括特别有创意的办公室。工业设施的例子也被包括在内。还有娱乐场所，例如用于节日和社会集会的引人入胜的有着全景画式聚会空间的游泳洗浴和游戏空间。这些富有远见的设计是滨水带建筑在当代的重新诠释，创造了使人们可以亲近水的新去处，并通过娱乐和文化的过程积极地与水互动。正如这些项目所说明的，不论小规模还是大规模的富于想象力的建筑，对我们周边的环境都可能有剧烈的影响，它们重新构筑了景观并提供了新的视野，鼓励人们对熟悉的空间进行重新认识。

然而，这些项目的成功依靠的显然是与更大范围的再开发的关系，这些再开发不仅仅是单一的建筑行为，而是保证要有环境和生态的首创精神、地区范围的运输规划和各种各样的规划，以及能容纳多种多样人群的空间之间的结合。这些设计强调需要一种有凝聚力的方法，这种方法重点在于环境和生态方面，也要与政治上、经济上、教育上和文化上的改进相适应。这样的投资需要建筑师、设计师、景观设计师、工程师、艺术家、建筑工人和许多其他人的支持，包括有创见的客户。如刘易斯·芒福德（Lewis Mumford）曾说过的，"人在一个资源被掠夺和毁坏的环境中不可能获得高水平的经济生活。而且如果一个经济系统需要一种能量进出之间的平衡，人类的文化就需要一种更大程度的识别力和对环境利用的关注：空间可能性的意识越活跃，景观和人类占有模式之间就有一种越微妙的平衡。"[16]如这本书所强调的，开放的思维方法才能导致开创性的解决方案，这些方案要有助于在当地和更大范围内推动多样性、教育性、创造性和宽容性，并容许思想的变化。这些引人注目的设计并不是一种假设，而是提出了新的在水上生活、工作和娱乐的方法。

1 Vandana Shiva, "India and the New Water Wars", Domus, no. 905 (July/August 2007), p. 93.

2 Philip Ball, H2O: A Biography of Water, London: Weidenfeld & Nicholson, 1999, p. 121.

3 Charles Moore, Water and Architecture, New York: Harry N. Abrams, 1994, p. 23.

4 Ann Breen and Dick Rigby, The New Waterfront: A Worldwide Urban Success Story, New York: McGraw-Hill Professional, 1996, p. 27.

5 Adriaan Geuze, The Flood: 2nd International Architecture Biennale, Rotterdam: NAi Publishers, 2005, p. 17.

6 仅在过去的几年中，荷兰皇家建筑学会组织了一个名为H2olland（2006年）的关于水上建筑的网上展览；"洪水"是鹿特丹第2届国际建筑双年展的主题（2007年）；纽约的自然历史博物馆发起了巡回展览：水=生命（H$_2$O=Life，2007年）；国际景观建筑师联盟选择"用水改变"（Transforming with Water）作为其世界大会的主题（2008年），这同时也是同年举办的西班牙萨拉戈萨2008世博会和中国苏州水博会的主题。2008年由《大都会》杂志（Metropolis）主办的新生代建筑师竞赛也是以水为题，这个竞赛奖励年轻的建筑师和设计师为设计问题提出可持续的解决方案.

7 www.mssrf.org

8 http://earthobservatory.nasa.gov/Newsroom/view.php?id=28612

9 Based on interviews with Diana Balmori conducted in January 2009.

10 同上.

11 来自2009年2月与建筑研究办公室的邮件.

12 来自2009年2月对斯坦利·艾伦的专访.

13 同上.

14 来自2009年1月对让·罗杰的专访.

15 同上.

16 Lewis Mumford, The Culture of Cities, New York: Harcourt, Brace and Company, 1938, p. 335.

当水遇到陆地：
重新认识滨水带

迪特尔·格劳，热莉卡·卡罗尔·凯凯兹

一条高度污染的灌溉渠被修复为一条1公里长的河道，为一代代人创造出洁净而有吸引力的水景，现在是中国天津张家窝小区的一条滨水散步道

河岸边界用植物塑造出柔和的轮廓，并且在多处地方可以通过木板路、台阶和坡道与水接近

当今世界正经历着设计的大爆炸和滨水文化的狂欢。各个城市都利用着地形的背景，建设着有特色的地标性建筑和城市雕像，来彰显与其自然资源之间的关系。而水，正是具有独特气质的城市特性所在。

首先，世界上有着众多的河流、湖泊、运河以及超过850000公里的海岸线，标示着大陆与岛屿的边缘，文明在这些地带上的居民中繁荣、衰落然后复兴。在早年，繁荣文明的发源地美索不达米亚平原，就是位于两条孕育生命的河流——底格里斯河和幼发拉底河——之间，位置大概在现在的伊拉克和叙利亚。还有，古老的埃及、印度河谷和中国的人类社会生存得以与生命协调一致，都来自于水的滋养和精神特性。中国天津当地一些小河，以前用作灌溉渠和浸没农场，现在成了张家窝居住区的新滨水带。被恢复的河流渠道的生态完整性使这里成为社区的一个优势，也是一代代人休闲和社交的聚集地。通观整个世界，文化历史总是与水文学联系在一起的。水产养殖科学也是南美洲和墨西哥湾早期社会的基础，在那里有漂浮的市场公园，墨西哥印第安人的一种耕作法chinampas（一种浮田——译者注）在古老的霍奇米尔科湖地区仍旧在使用。这些人工岛屿由水渠网之间的大型种植浮台组成，保证一年四季都有收获。历史上，有一种将水作为雕刻元素和崇拜对象的长期传统，水对于防御、艺术、农业、旅游和创造力都是一种灵感；同时，数百年来的创业者们也积极利用水的力量来谋事。

在人类定居的过程中，像威尼斯、阿姆斯特丹、苏州和伯明翰这样的城市，以其用于贸易、运输和工业的人工水道技术为基础而繁荣起来。伦敦、巴黎、纽约、布宜诺斯艾利斯和上海这样的商业城市继而成为生机勃勃的目的地，以繁荣的工业和城市滨水特性而著称。自1980年代末以来，泰晤士河为帕丁顿内港、多克兰和泰晤士河坝公园的开发提供了主要推动力，复兴了一些城市中最衰败的地区，并吸引了备受瞩目的资本投资者。东京、芝加哥和香港位于熙熙攘攘的水边，也拥有成功的水路遗产和随之而来的滨水商业区扩建、再生与文化活力。香港以其维多利亚港天际线而著名，吸引着人们不仅从陆路，也通过水路来到这里。而密歇根湖与芝加哥河和卡拉麦特河一起形成了有活力的水的基础设施网络，为芝加哥逐步形成的特性奠定了基础。本州岛、东京湾和太平洋以一种类似的方式形成了东京的滨海带，成为最早的自然与建筑环境的交接点。

像新加坡和斯德哥尔摩这样的岛屿作为繁荣的滨水地区发展起来，则创造了一种引人注目的对水边的重新诠释。这些水边城市提供了世界级的文化、商业、休闲和居住方面的舒适性，并促进了对这种宝贵自然资源的生态探索。在斯德哥尔摩的例子里，内部的自然资源如斯德哥尔摩群岛、梅拉伦湖、波罗的海和骑士海湾提供了一种滨水带本身很强的场所感，模糊了水和建筑环境之间的边界。回顾历史可以看出，水对于一个社会的重要性并没有多少改变。与自然和谐相处以强调生命的循环对于我们的先辈来说是一种内在而实用的方式。今天，水不仅是生命的必需品，我们还必须要模仿水的自然系统，将滨水带的改进和再生结合进周围城市肌理中，进行在社会意义和生态意义上都负责任的发展。

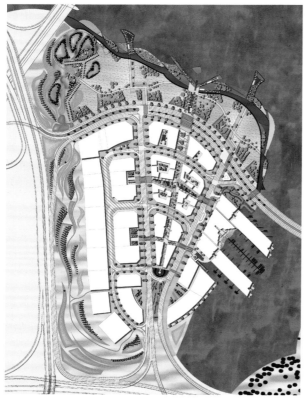

迪拜湾的扩建形成了迪拜商务公园开发区的边缘，并创造出一种很大的可能性来激活滨水带，这种设计的实施为人们创造了舒适的室外环境

如今可谓是人类迁徙的最伟大的一个时代，人们正在重新探索全世界的海岸线，特别是在亚洲和非洲。在1950年代，纽约是这个星球上唯一一个百万以上人口的大城市。今天，有14个沿海的大城市居民超过了1000万，而世界上2/5的重要城市都位于水的附近。[1]值得注意的是，未来的人口增长模式极度集中于经济不发达国家的城市滨水带。在北非和中东的一些地区，安全的饮用水都非常缺乏，滨水带的生命力持续地受到来自社会消耗和物理上的水位降低的挑战。摩洛哥的非斯河复苏是一个更新的典范，这个项目根据水边的条件，将基础设施、社会、经济和环境的可实施措施结合在一起。其目标是提高整个地区的水质，并致力于解决非斯的麦地那这座历史性城市中公共开放空间的缺乏、过度污染以及基础设施老化的问题。

这个项目包括战略性的关键规划，分阶段地加强水质，治理受污染的基地，创造开放空间，以及将经济发展建立于现有的资源之上。根据非斯市水电部所言，"总的规划是一个整体效果，将河流改进为城市的一种基础设施，在21世纪人口需求和保护联合国教科文组织颁发的世界遗产的完整性的历史标准之间架起桥梁。"[2]

非斯河和全世界其他滨水带项目的成功改造依靠的是一种动态而有远见的眼光、灵活实施的规划以及对可持续精神的坚持。在迪拜的例子中，世界上发展最快的城市迪拜——至少直到近期的经济崩溃为止——滨水带容纳着世界上最大的人工岛屿那野心勃勃的设计。尽管这些辉煌的陆地在尺度和想象力上令人印象深刻，但这些开发成果给

波斯湾的生态健康提出了挑战。尽管环境保护主义者推测这些岛屿有可能会引起巨大的生态变化，但只有时间可以揭示出真正的教训，也只有时间可以搭起城市展现新抱负的舞台。

35公顷的迪拜商务公园基地位于规划中的迪拜湾扩建附近，迪拜湾位于现有的迪拜中心商务区以西10公里之处，距机场大约7公里。对商务公园和迪拜湾扩建进行的滨水带规划和设计在文化、休闲及居住方面进行了开发，将人气和效益吸引到了水边。考虑到当地恶劣的气候条件，这个项目是一个严峻的挑战。这里有一个与大棕榈岛相反的例子，载水道景观设计公司Atelier Dreiseitl是位于德国伯林根的一个水体系的规划工作室，他们从项目一开始就与生态专家合作，运用可持续设计方法在水边创造出洁净而健康的水景。由于迪拜湾已经面临着水质的问题，这个设计理念的基础是运用潮汐的能量而不是运用水泵。

海滨大道被预想为一个由人行道和自行车道组成的体验场所，让人们有机会享受自然、观察人群并尽情娱乐。在通向海边广场的路上沿着水边布置着咖啡厅和冰淇淋店。海滨大道分成不同水平高度的平台，通过台阶向下通向海边，铺砌着充满艺术感的踏步，有着独特的风格。海边广场一部分覆盖着树荫和遮阳设施，还有一个用于公众活动的舞台。广场中最突出的就是一系列水景，尽端是一个流向海湾的小瀑布，营造出一种令人耳目一新的氛围，强调了与中心商务区相应的视觉轴线。

为了不影响公众的使用，像迪拜滨水带这样的大规模

波特兰，俄勒冈州，曾经被用作木材和谷物向亚洲出口的通道，但它的港口工业在1950年代之后就走向下坡了

1927年，城市建筑了一道大约10米高的海堤来保护城市中心不受不可预料的水平面起伏的侵害。如今，这道海堤的作用正在退化并阻碍了市民与水的接近

滨水带总规划应该有适当的阶段性实施步骤。大型滨水带的总规划推出之后往往从重新利用土地的构想流于荒废，难以实施，有些部分总是永远不会建成。这些巨型的规划吸引了公众的想象力和媒体的注意力，但这种关注度同样能导致规划的夭折。因此关键是要有强大的社会宣传来获得广泛的公众支持。

纵观历史，类似的试验性和开创性的滨水城市开发都形成了类似的环境利用模式。许多滨水带都废弃和破败了，并且与邻近的社区没有什么联系。重要的湿地栖息地、珊瑚礁、河流和河口的品质被降低或被破坏。一代代的政府领导忙于混乱的日常工作，对滨水带长期的远景管理不善，只产出了平庸的结果。这就是为什么在最近的时代里，设计师、工程师和市领导总是被批评只关注于形象上的滨水带项目，这些项目只是占据着与水滨邻近的陆地，而不是一种整体的滨水体验，这种体验应该包含着自然与建筑环境之间微妙的平衡。

滨水带用途的演化

水和滨水带的活力一直是世界上战略性的资源，一种生命的象征，也是人类安身发展的推动力。从一开始，经济发展的引擎一开，城市就已经积极地改进技术来改变滨水带再开发项目的形式和步骤。许多沿海社区拥有天然而丰富的近水资源，有着水边上成功开垦的陆地，还有相关的技术、工业和贸易以及水上运输。

最初，工业口岸是促进货物流通与交换的通道终点，城市服务设施的发展是用来推动水路贸易的。后来，滨水带充当起活动的焦点，产生了一个与水相联系又具有城市功能的地方。世界范围内的商业都依托流动的高速公路，将人们和货物从陆地中心运送到海边，再穿过海洋，世界上的滨水带适应着城市人口生长不断变化的需要。

巴塞罗那建成了一个20世纪最具识别性的城市滨水带再开发项目。这个项目的成功在于城市的海滩、公园以及对杰出设计的强调。受1992年奥运会的刺激，威尔港，这座城市中被废弃而衰败的古老港口，被改造成了广受欢迎的城市地区，以一个娱乐综合设施和一个水族馆为特色，毗邻着1902年建造的古老的海关大楼

在美国俄勒冈州的波特兰，沿着太平洋西北的哥伦比亚河和维拉米特河，曾经被用作木材和谷物向亚洲出口的通道，还是19世纪加利福尼亚的金矿区向外运输的通道。与世界上其他最早的淡水港口类似，波特兰在保持它的港口竞争地位和滨水带活力方面也遭遇过挑战。工业废物和未经处理的污水的堆积、频繁的水灾和污染，迫使许多业务从滨水带撤走。波特兰也和其他城市一样经历了港口工业的衰退并采取了建造海堤的措施。海堤建造于1927年，大约10米高，将城市中心商业与不健康的水源分隔开，并且保护城市中心不受不可预料的水平面起伏的侵害。在近期的1970年代，由于汽车的增加和沿着河岸的国家州际公路的出现，进一步阻碍了波特兰这座城市与其滨水带的接近。从那时起，波特兰河流复苏项目便聚焦于长期的远景，并采用了层层推进的方法来进行滨水带的开发实施。将波特兰多种多样的社区和行政区重新与河流联系起来，有助于为城市创造出富有活力的滨水天际线。

以前被工业所主导，后来随着时间的流逝浸染了浪漫主义色彩的滨水带继续成为视觉上吸引人的背景，也是一个城市主要的吸引力之一。当然，人们不应该只是坐在汽车里从滨水带旁边飞驰而过，这便阻隔了人们在这些吸引人的公共设施中享受、放松和休闲的机会。尽管在世界上许多大城市，包括纽约、西雅图、巴塞罗那和巴黎，在开车的过程中也可以享受全景画似的风景，虽然这不是最重要的。在抬升起的高速公路、堤坝和停车场中俯瞰令人惊叹的滨水带景色曾经而且仍然是非同寻常的体验。

这些滨水区的游泳设施由贝特·加利（Beth Galí）于2004年设计，是巴塞罗那广场的一部分

西雅图阿拉斯加高架路是一条双面铺装甲板的高架高速公路，每天承载着110000辆汽车的交通量。它一直充当着皮吉特海峡、市中心和水滨之间的屏障

巴塞罗那在地中海沿岸古老的滨水带与许多美国城市例如波特兰或特拉华河畔的费城的滨水带非常类似：水边的地区被废弃的工业用地占据，并被一条高速公路与人行道隔开。然而，帕斯卡尔·马拉加尔（Pasqual Maragall）市长在他1982年至1997年的15年任期内将巴塞罗那的海岸线改头换面。城市的扩张一度注重于远离滨水带，在水边设置高速公路就是一个例证，将巴塞罗那的其他地方与滨水带隔开，并使滨水带变成了一个被污染的地方。但是，当地官员很有眼光，将他们的奥运会计划当作一项主要的城市改造来处理。奥运会备受瞩目的特性扩大了城市改造和发展的可能性。为1992年奥运会所做的城市规划将快速路置于地下，因此这一举措将城市与其滨水带重新连接起来。马拉加尔用奥运会带来的资金重新塑造了城市的形状，创造出一种与海洋既开放又界限清楚的关系。在这个最新开放的土地上，他塑造了新的海滩、公园和居住社区。

威尔港通过一条穿过小艇码头的人行道桥连接着流浪者大街，这条街是巴塞罗那的中心步行轴线。往东边是奥运村，这是一个在初期规划时就混合了公共和私人居住建筑的新社区：曾经是运动员住所，现在是城市中的一个新区。将奥运村结合进巴塞罗那城市的肌理中需要重新构筑高速公路，因此如今高速公路都在地下运行。这可是一项艰巨的工作，要将铁路、污水渠和基础水设施重新组织。事实证明，这项举措有着不可估量的价值。

西雅图的阿拉斯加高架路也一直是皮吉特海峡、市中心和水滨之间的屏障。为了改变滨水带以汽车为主的交通状况，西雅图花了超过10年的时间做规划。这些规划设法保证了城市中有大约7公顷的连续滨水带区域，并使其为公众所享有。一系列密集的公众听证会和开发理念形成了一个中心滨水带复兴设计，将传统的滨水带用途与现代国际贸易功能融合起来。中心滨水带现在是一个重要例证，来证明房地产开发如何通过吸引当地居民和游客并通过开发的混合用途和效益来增加城市的文化活力，以支撑一个地区健全的经济状况。

在哥伦比亚的波哥大，1998年至2001年间，那时候人们公认更多的高速公路和汽车道会给城市带来健康的经济发展，但当时的市长恩里克·潘纳罗萨（Enrique Peñalosa）不同意这种看法。相反，他拒绝了一项建造一条环绕波哥大的高架环城高速公路的规划，而是坚持投资一个由铺砌的自行车道、运动设施和公园组成的规划。自卸任以后，潘纳罗萨就开始进行环球旅行，将他的哲学分享到如雅加达、达累斯萨拉姆、墨西哥城、纽约和旧金山这样的城市。

旧金山海湾的海岸线是20世纪早期世界上步行交通最繁忙的区域之一。然而，随着跨海大桥的建造和轮渡的没落，这个区域也丧失了生气。汽车的兴盛导致了1960年代英巴卡迪诺高速公路的修建，增加了通向旧金山的汽车通行量，但将滨水带与城市中心分隔开了。于是，1989年的洛马-普列塔地震加上社区居民的反对，导致了这个海岸线的总体改造，从此产生了美国最有活力的滨水带之一。

旧金山海湾地区滨水带有着新的城市规划专家和精明增

马格兰阳光平台，由贝纳德塔·达格利亚布艾（Benedetta Tagliabue）和恩瑞克·米拉莱斯（Enric Miralles）设计，是德国汉堡哈芬新城的一个城市广场开发项目。于2005年开放，并形成了一种从城市到水之间的过渡

长的开发模式，将一系列滨水项目的开发进程结合在一起，例如海哥力斯市。这是一个成立于19世纪晚期的企业生活区，也是最近几个再开发项目的基地，距旧金山东北大约30公里。该企业生活区正在转化为一个以运输为基础的多功能项目。这个17公顷的滨水商业用地所做的湾前区规划表明，配备一个集中且多功能的4.5公顷开放空间是多么重要。湾前区也将包含一个综合运输中心，有一条美国铁路公司的铁路和一个轮渡站，连接起海哥力斯和旧金山的商业区。如果完全建成，湾前区预计拥有1224个居住单位、3900平方米的零售空间、7525平方米的办公空间以及12450平方米的适用于各种用途的综合空间。

在形成一种结合一系列公共功能的活跃滨水带的过程中，旧金山的商业和居住开发以及周围的城市社区起到了重要的作用。在滨水带基地只开发单一功能，例如居住、绿色空间或工业，会浪费创造一种充满生气的滨水带的机会。

滨水带功能和空间条件的转变最初是由地区港口工业能力的削减和占优势地位的贸易线路的改变所引起的。全球贸易以水路运输为基础的物流效用在1950年代开始变成了一具空壳[3]，但是直到1960年代晚期，滨水带恶化的问题和对复兴政策的需求才得到了广泛的认识。造船业的衰退以及1970年代和1980年代从欧洲和北美洲向世界上其他地区的迁移，特别是向澳大拉西亚（一个不明确的地理名词，一般指澳大利亚、新西兰及附近南太平洋诸岛，有时也泛指大洋洲和太平洋岛屿——译者注）周围港口成本更低的地区转移，也促使了许多港口的衰退。全球贸易意义深远的重新构造、一种新的国际布局的产生，以及增多的环境法规，标志着全世界滨水带的经济活力有了一个显著的变化。

轮船货运的全球化后勤和标准改革进一步改变了世界上滨水带的功能和空间形态。如今，26%的集装箱来自中国，而全世界货物、服务和资产投资的85%是在西欧、北美和亚洲经济上最有实力的地区之间交换的。为了减轻城市地区交通活力的严重拥塞，港口设施转移了，而给城市留下了退化的基地，这些基地经常成为引起城市更新程序的契机。汉堡市的例子可以生动地说明20世纪后半叶期间港口和城市功能的分化。

汉堡市中心旁边的港口海湾和河边埠口一直被用作传统的船运码头，在近期则用作货物储存。汉堡市在没有影响港口经济效益的情况下，为了城市中心的扩张而复兴了这个地区。1997年8月城市国会法令最初确立哈芬新城的规划，此时汉堡市终于在100多年以后又和易北河结合在了一起。哈芬新城基地占地157公顷，是欧洲最著名的城市中心开发规划之一，并且会将汉堡城市中心的面积扩大40%。一座新城直接坐落在历史性的仓库城地区和易北河之间，将包含一座国际性的公寓、商业服务、文化、休闲、旅游和购物的综合体。KCAP建筑事务所最近赢得的一个竞赛提出了一个混合功能的充满活力的港口开发方案，用严格的生态学方法进行管理。整个地区的开发预计将延续到2020年至2025年。

在全球经济重新构造的背景下，港口劳作将被替代，城市和港口的空间框架也将发生变化，汉堡市和世界上的其他

哈芬新城的位置在城市中心，有157公顷的面积，是欧洲最著名的城市中心开发规划之一，并且会将汉堡城市中心的面积扩大40%

1	易北河音乐厅	3	规划中的科学中心基地
2	麦哲伦梯田	4	国际海事博物馆

城市都在努力，既要有接纳变化的能力，又要保持在全球贸易网络中有活力的节点地位。旅客运输方式的改变、滨水带地区和陆地使用规划固有的重要性和挑战、环境政策、开发动机、社区参与以及公共–私人的合作，都促使传统城市滨水带的消亡，并促进它进化出新的特性。

滨水带随着岁月演化出一连串不同的功能，这说明了都市化成就的进程之中土地的使用与近期环境恶化之间的联系。今天显而易见的港口荒废表明了一种经历数百年的密集开发时期的累积影响——农业、探险和贸易、工业以及城市更新和复兴。环境激进主义分子不断的努力和媒体对死鱼、受石油污染的鸟类以及燃烧的河流形象的报道支持着可持续发展的倡议，这些倡议宣称一个被快速工业化、全球竞争和投机的陆地开发所驱动的世界并非全然美好。

特别是在最近的经济崩溃情况下，包括物质的、社会的和环境的方式以及引起气候变化的因素，获取清洁的水和公共环境卫生服务对于生命的幸存和健康来说是极其重要的。在水边生活的受欢迎程度和必要性对于将世界上的滨水带再开发为吸引人居住、工作和娱乐的场所来说仍然是一个基本的刺激因素。

加拿大英属哥伦比亚省的温哥华市，被巴拉德海湾、弗雷泽河和福溪所围绕，最近从一个原先的港口城市转变为一个经济稳定增长的地区。福溪地区处于温哥华城市商业区生活方式复兴的中心，是一个限定温哥华城市特性和复兴成功的模型。整个福溪的滨水带被海滨大道连接起来，这是一条娱乐的道路，在其所有的节点上公众都可以与水接近。在这里，活动和生活与居住社区流动地混合在一起，而且与英属哥伦比亚大学和奥运村的建筑连接起来，海滨大道已经成为将福溪成功提升为一个最佳城市社区的关键。这说明，邻近城市商业区的滨水带开发项目如果是精心规划的，最好地利用基地现有的有利条件，并有长期实施的可持续的远见的话，是可以成功的。

"福溪对面是格兰威尔岛，是一个工业再利用和再开发项目，以高度成功的公共空间而受到赞誉。城市将这块工业废地转变成了一个包含着居住、艺术工作室、轻工业、一个小艇码头以及由一个农产品市场、一个酿酒厂、餐馆和室内外公共空间组成的大型商场在内的综合功能的开发。其成功之处在于格兰威尔岛代表了加拿大联邦政府和温哥华市在1970年代提出的一个长期的联合规划战略。格兰威尔岛联合体（Granville Island Trust）于1976年成立，来管理这个项目，改进了带有步行道、马路和玩耍区的物质空间。然后艺术家的工作室和零售业开始进驻空间，如今这里对游客和温哥华市民来说都是一个具有吸引力的地方。"[4]温哥华，还有波尔图和哥本哈根，只是一部分例子，这些城市被列为最佳的城市地区，全年无休地为所有生物和一代代人提供着临时或永久的滨水带活动，维持着城市生活诗意的平衡。

滨水带开发的复兴

港口城市是最古老和最有利的城市居住地之一。滨水带在20世纪早期是通向世界的门户和商业的中心，但过去的滨

奥斯陆的阿凯尔地区，一个原来的造船厂被重新开发为一个有生气的密集排布的综合功能区

新的广场以水边的公共海滨步行道为特色，可以观赏奥斯陆峡湾的景色

水带很容易因为单一的功能而被废弃。几百年过去了，滨水带经历了生长和衰败的复杂模式，产生出了丰富的城市遗产。1990年代，公众开始对逐渐发展的工业港口显示出极大的热情，要在滨水带再开发中创造出综合功能和绿色通道。聚焦于水是决定性的设计元素，当代的规划成果，例如奥斯陆的规划，都力求促进对这种宝贵的自然资源的保存、保护和再利用。

阿凯尔地区原来是一个造船厂，1982年关闭，位于奥斯陆峡湾地区，这个地区靠近奥斯陆市1950年建成的一个著名的市政厅。现在这里是一个生机勃勃的密集排布的综合功能区，有着公共的海滨步行道，提供了引人入胜的公共空间。这里有着将严酷天气阻隔在外的便利设施，还有一个供休闲散步的区域，这个区域已经成为港口和整个奥斯陆城的焦点。游客和当地人在这里享受着咖啡馆、游乐场、可以坐下休憩的台阶、迷人的公共艺术、漂浮的餐馆以及在甲板上销售新鲜捕获物的小渔船。几座旧的工业建筑被拆除，而几座主要的车间大厅则被改建成了零售商店。

水滨一直是令人难忘的城市景色中的一种自然背景。更新规划动力集中于综合功能的滨水带社区，为空间提供着空前未有的机会，可以容纳各种各样的活动、功能和人群。全世界的滨水带正在经历着城市复兴，在尊重城市背景和流域中的生态完整性的同时，这些地区正在作为政治、经济、教育和文化的中心而恢复生机。

将开拓性的可持续解决方法融合到规划中也特别有助于赢得滨水带的再开发所需的资金。古巴的哈瓦那、巴西的桑托斯、印度的孟买、中国的大连，就是这样一些例子，展示了改善水质、减少噪音和视觉污染、保护栖息地和绿色建筑的新型实践的信念。

生态保护以及结构和空间的改进需要高昂的资金，其进程一般来说是非常缓慢的，并且投资看不到即刻的回报。但是，坦桑尼亚桑给巴尔岛的例子表明，更新的新思路是非常宽广的，而且可以获得国际的金融援助。当地和全世界都有一种越来越多的共识，就是需要保护城市建筑遗产的元素，这些建筑遗产一直面临着消失的危险。重要的是，还存在保护和增强城市独特性的需要，特别是发展中国家的滨水带环境，这一点在发达国家滨水带的复兴中已显现出来，它们寻求多功能更新，但结果总是显得千篇一律，这并不受欢迎。城市滨水带规划还需要促进在长期复杂规划和开发项目中的公共–私人合作关系，并尽力加强与城市中心的联系。

通过滨水带再开发和建筑空间的营造，可以产生富有创造性的区域，显然会使人们乐于在滨水带生活、娱乐和工作。在规划中，大型投资会对城市的形式形成主要的影响——将形成未来的空间。这些有着独特特征的最具吸引力的公共空间包括纽约的科尼岛、巴黎左岸、伦敦眼周围的地区，以及罗马，这里有着扎哈·哈迪德设计的新的21世纪国家艺术博物馆（Maxxi National Modern Art Museum），位于台伯河上，于2010年开放。像她这样著名的建筑偶像经常被委任以创造出激动人心的滨水带体验，公众对这些建筑师非常信任，他们也能够激发出公众对这些地区重新体验的热情。扎哈·哈迪德在意大利设计的另一个滨水带杰作不负众望，恢复和再生了那片水域。雷焦卡拉布里亚港口位于墨西拿海峡，这座城市决定在港口美丽的海岸线上斥资打造一个有名望的项目，成为社区的标志。这个项目由私人和公共的资金共同投资，将包括两座不同的建筑：一座地中海历史博物馆和一座用于表演艺术的多功能建筑，带有图书馆、观众厅、体育馆、工艺品车间和一个电影院。博物馆与雷焦卡拉布里亚地区保持着密切的联系，博物馆的主题是来自该地区最著名的人物之一贾尼·范思哲（Gianni Versace）。这个综合体的设计草图灵感来自于有机体的形式，其目标是设计一个特殊的形状，使人们从大海上和海岸上都能看到它，它被建造成为该地区最具时代感的地标之一。

像罗马这样的国际化城市对于更新显示出相当激动人心的兴趣，与有着国际声望的建筑师合作，在水滨造就了诸多雄心勃勃的设计。然而，设计师有时失去了长期的远见，过多地关注物质的公共建设，而对周围的生态系统、历史和文化遗产关注不够。他们忽视了规划过程中社区的社会结构，正是这些社会组成才形成了水的公共效益。针对近期这些没有生命力的建筑的最重要的批评就是它们无能力也无意愿来履行现代主义者对于城市平等的承诺。

弗兰克·盖里备受赞誉的毕尔巴鄂古根海姆博物馆坐落于纳尔温河畔，是城市再开发的一个标志，有人认为这个建筑是一个短期而目光短浅的滨水带再开发方案。这个大胆的滨水带地标作为一个纯设计表现而备受争议，有人认为它是城市中心与河流之间的一个障碍，浪费了最好的滨水带基地，并限制了滨水带周围公共空间的活力。毕尔巴鄂古根海姆博物馆经常被批评为一个压抑了有意义的社区参与的私人开发，阻碍了公共–私人的合作关系，并使人们无法体验通过人行道到达胜地的过程。

尽管如此，并不是每个社区都能完成古根海姆博物馆所达到的成就。沿着纳尔温河的阿班多尔巴拉区的再开发已经成为毕尔巴鄂市许多长期规划的目标，尽管还都有待实现。这个地区大约有35公顷，占有最好的位置，被视为城市新的中心。在早先，它是一个由造船厂、一个集装箱码头和一条地区铁路占据的地域。像毕尔巴鄂这样的成功滨水带开发成为一个滨水城市的典范，这个典范的成功因素包括复杂的视角、强烈的愿望、带有各种价值观的动态组合的活动过程，以及经济上的可能性，讲述了一个具有超前意识的城市故事。

滨水带规划和设计的原则

在这个滨水带备受关注的时代，根据弗朗茨-约瑟夫·霍伊恩（Franz-Josef Höing）的《汉堡哈芬新城的开放空间》（Open Spaces for Hamburg's Hafen City）中所说，滨水带结构的方案必须经受得住经济的起起落落以及建筑趋势的变化。[5]这个原则不仅适用于汉堡市，也同样适用于全世界所有正在高速发展的城市。

不幸的是，世界上一些快速生长的城市，例如阿姆斯特丹、马尼拉和巴拿马城，正在迅速地割让它们主要的滨水带，变得过度的私有化，并且再也无法保证公众接近和享用城市的滨水带。根据滨水带中心[6]（Waterfront Center）所言，私人开发是滨水带复兴过程的必要部分，但是它需要符合社区的远景，而不是无视社区。

滨水带在传统上就具有作为政治、经济、社会和文化交替互换的中心场所的功能，除此之外，还要加强环境管理工作。在不同程度上，滨水带开发是否成功的标志就是要关注其是否有清洁、安全和活跃的公共开放空间，包括全天候的管理；是否能保持或创造出公众与水滨的亲近；是否增强了连贯性而不是使滨水带的城市中心与居住区之间越来越分隔；是否保护和谨慎地开发了自然资源；是否有季节性的活力；是否有多种方式可以进入；是否形成了多种多样的社区并保持了与历史的联系。有了这些条件的综合，滨水带已经从传统的海事功能进化到了21世纪理念交换与沟通的必不可少的节点。像巴塞罗那、北京和悉尼这样的城市，被选择来主办具有国际声望的活动，已经利用了独一无二的机会来改善城市的基础设施和滨水带开发。

作为全球网络的连接点和城市前院，滨水带一直是城市反映社区独特性和当地特色的灵魂。滨水带最近成为了实现城市转变的先导场所，吸引着全球范围内的移民、商业和游客。如今，邻近水边的陆地是一个包含高度鲜明对比景色的共享空间，在这里，当地社区、开发商、政治家、规划者、港务局和环境保护主义者需要协调一致。多伦多滨水带的复兴为城市、省和国家提供了一个良机来保证多伦多仍然位列全世界最好的居住、工作和旅游地点之中。加拿大的进一步繁荣，以及保持其非常令人羡慕的生活标准，关键就是滨水带的复兴。

随着2000年3月多伦多滨水带复兴专责项目组报告的发布，加拿大、安大略省和多伦多市政府联合起来宣布了他们对创造多伦多滨水带的支持，并将监管和领导滨水带的更

2006年，多伦多中心滨水带设计竞赛的举办是为了再开发这个安大略湖畔的城市尚未被充分利用的部分。规划要创造出绵延超过3公里的水边人行道、公园和广场

福斯特及合伙人事务所/载水道景观公司（Foster+Partners/Atelier Dreiseitl）提交的竞赛方案创造了3个人行道码头，作为主要商业区街道的延伸，由此将多伦多的商业区与其滨水带联系了起来
左页上图：全景
右图：人行道码头的模型

新。加拿大经济动力中心的战略性用地超过800公顷——多伦多滨水带——大部分被闲置没有充分利用。大约70%的土地已经为公共所有，城市有着优良的机会来策划一次天衣无缝的更新，并能在新千年激烈的城市竞争中为多伦多争得一席之地。

在其他城市中，例如伦敦、纽约和巴塞罗那，类似的成功滨水带项目开发表明，有一个权威的独立团体来协调和监管综合战略是使滨水带更新得以实现的关键。为把多伦多置于21世纪世界城市的最前沿，城市与社区以及公共和私人机构进行了合作，将滨水带改造为公园、公共空间、文化设施和多种多样的可持续的商业和居住社区。

多伦多以实例证明了进行连贯的滨水带再开发规划的一个最主要的挑战，就是对于不同期望以及各种不同综合目标的再整合。有一种包容性的公共参与过程来培养主人翁感和自豪感，并考虑到了透明度、市民的知情权和参与权，以及社区的长期繁荣。

因此，一个可行的滨水带规划不仅仅是一个设计说明或一个经济开发规划，它更是一个将所有的一切综合在一起的精细的平衡，这种综合是有吸引力的方案得以执行的优势所在。为了提供宜居社区可持续的质量，一个新的滨水带开发需要积极地包容社区价值和文化遗产，保持它的经济地位和独特的自然特征以及在更广大的城市背景和全球联系中的必要特色。像多伦多这样充满生机的滨水带环境持续激励着以后一代又一代的移民，是一个展示可持续观念和新社会乐观主义精神的范例。

尽管世界上大多数的伟大城市以拥有滨水带背景而自豪，但是忽略了创造活跃的公共场所的机会，在这些地方人们会自然地想要聚集在一起。从巴塞罗那到纽约到香港，城市既浪费了创造滨水带经验的巨大机会，也实施了可行的滨水带项目。除了综合的结果，滨水带不应被视为经济或环境的负担；相反，它们可以提供丰富的机会来创造新的公共空间，并使旧的空间恢复活力。

滨水带规划和开发需要为未来做准备，这种未来通常是不可预测的，因此必须考虑到不确定性。一般的规划应该描述出一个可能性的范围。尽管最近的经济形势可能会阻碍一些项目的实现，但城市滨水带地区的转变趋势应该强调居住、文化和商业部分的综合功能。城市滨水带正越来越成为中心城市近期进行着的最大规模和最有创造力的再开发项目所在地。

位于密集的城市中心的一个城市海滩，是HTO公园中的景色，由珍妮特·罗森伯格设计，位于多伦多滨水带，于2007年开放

通常私人的滨水带项目也会进行公开的建筑竞赛；多伦多的滨水带也是这种情况。2006年，多伦多中心滨水带设计竞赛预计要在Bahurst大街和Parliament大街之间的滨水带上设计延伸3公里长的水边人行道、公园和广场。福斯特及合伙人事务所和载水道景观公司组成的团队提出的设计概念是将城市引向水边并将水引回城市。其目标是打破多伦多商业区与其滨水带之间的隔离状态，提供一个以人行道体验为主的交流空间。他们提交的竞赛方案由一系列三个码头组成，从船台头部向外延伸然后又镜像回来，于是又延伸回了城市中。

福斯特及合伙人事务所和载水道景观公司的总体规划是建立在城市整体战略的基础上的。随着资金的到位，这个规划可以分阶段实现。为多伦多滨水带所做的整个设计概念通过保存雨水减少了暴雨溢流。尽管福斯特及合伙人事务所和载水道景观公司团队有一些突破性的生态设计理念，中心滨水带设计竞赛的获奖方案是由West 8景观设计与城市规划事务所提交的。West 8事务所提交的设计方案聚集于三个底线（即一种努力争取重新整合经济、生态和社会成功的方法），探索一种可持续的工作日程并结合了经济、社会和环境的问题。自从四年前竞赛开始以来，关于滨水带的设计包括由珍妮特·罗森伯格（Janet Rosenberg）设计的新HTO公园，以及由West 8事务所设计的三个船台头部和水面上变化多样的波浪形的人行道。滨水带上的这些新组成部分促进了城市与水的历史性联系，将会在资金到位时实施。

新加坡是一个先进世界城市的范例，这个城市在未来城市水滨的规划和设计、景观建筑以及谨慎的环境工程中努力探索着一种全面的方法。新加坡不满足于仅仅是花园城市，而是正在重新勾画一种滨水生活并把衰败的城市景观与绿色开放空间结合起来的理念。在重新改造的过程中，直落亚逸盆地被从地图上除掉了，而新加坡河入海口现在流入了海湾，而不是直接流入大海。2008年完成了一个拦河坝，使滨海湾成为一个饮用水的蓄水库，比2003年原来的135平方公里的面积增加了20%，计划还要再增加99平方公里。滨海湾的商业区滨水带被指定成为一个生活方式的中心，全天24小时充满着活力和能量。规划预想了居住、办公和商业开发功能，还有许多娱乐场所，其吸引力能将人们的生活引进这个区域。这个规划的中心概念是城市与水的交融关系，并受到了政府的鼓励和支持。规划保留了附近深水区的工作码头，并将滨水带开发结合进了城市周围社区的肌理，这成了新加坡在生态上负责任地重新组织水基础设施的关键。

新加坡正在向着自给自足的水资源发展，采取了暴雨疏散的战略：暴雨收集和处理不再只依靠自然存储，而是将在任何雨水有可能落到的表面上存储——包括占新加坡国土很大比例的密集的城市地区。特别是，滨海湾是使新加坡雨水收集能力最大化并创造可持续水供应的努力中一个重要的里程碑。一道堤坝横贯在滨海水道河口，是新加坡第15大水库，也是首个建在市中心的水库。来自最大的、最城市化的汇水区的雨水，大约是整个新加坡雨水径流的1/6，现在都汇集在滨海湾水库。新加坡是一个改造有吸引力和活力的滨水带的同时将水基础设施与将必要的清洁水资源用于城市淡水供应相结合的现代城市典范。

新加坡是一个没有蓄水层且有着500万居住人口的岛国；因此，有必要留存雨水用作饮用水

来自最大的、最城市化的汇水区的水，大约是整个新加坡雨水径流的1/6，现在都汇集在滨海湾水库。新加坡正在向着自给自足的水资源发展，采取了暴雨疏散的战略

新加坡的加冷河，目前在一个与人隔绝的混凝土渠道里流动，即将被恢复成自然状态

波光粼粼的河流和景色优美的河岸，小艇在溪流里划着，洁净的水道流进图画般美丽的湖中——这个景象对每个新加坡人来说，不是多么遥远的梦想。城市的领导者已做出保证，一个将新加坡转变成花园和水的城市的项目正在进行中，在这样的城市中，人们热爱生活、工作和娱乐。公用事业局（Public Utility Board）所提出的"活跃、美丽和洁净的水源计划"是最具战略意义的首创精神，秉持这种精神，这个岛国实现这样的远景指日可待。在公用事业局的管理下，设计团队载景道景观公司和西图公司（CH2M HILL）正在进行第一个实施步骤，根据他们为城市中心汇水区编制的总规划，将加冷河恢复自然状态。

滨水带再开发成功的关键因素

作为令人难忘的目的地，滨水带城市是两个极度复杂的生态系统的会聚点，水边的自然生态系统和集中的人类居住地的建筑生态系统。在历史上，滨水带并没有在大范围内得到战略性的规划，而且尽管许多滨水带都有着类似的特征，但每一个滨水带都反映着一个独特的过去。通过繁荣和衰败的循环，滨水带已经成为社区的心脏和灵魂，体现着市民对高质量生活的渴望。

强化社区价值又带有全球联系的愿望，是着眼于长远发展的成功总规划的中心宗旨之一。模糊水与建筑环境的边界，同时尊重自然资源，是滨水愉悦体验的关键。

将来我们对于世界上成功的滨水带所关注的问题体现出自然、社会、经济和政治因素的复杂背景，还要有对可持续发展的信念。作为密集开发的中心，新近复兴的海港与内陆滨水带应该意味着有着独特感觉的地方。通过多种形式的入口将水滨与商业区中心和周围的社区连接起来依然是滨水带城市成功更新的关键。有力的政府领导加上资金保障、公共－私人合作以及公众参与是促使滨水带社会进步的必要成分。为了经济的增长，在现有的资源上可以增加建筑，滨水带再开发也需要保持并改进水基础设施和淡水供应，以及污水排放和废水处理。对于滨水带再开发的成功同样有意义的是保证海滩和滨水带住宅的舒适性，同时保证公共参与并提供一种适合所有季节的多种多样的文化、商业、休闲、居住和娱乐活力。

通过滨水带和海岸线的再生来激励城市更新是一个长期的规划过程，需要一个灵活的实施计划。战略上分阶段的滨水带开发将会防止或最小化对脆弱的自然生态系统的侵害，并能加强水质，创造公共开放空间，以及减少噪音和视觉污染。

通过长期的工程以及规划并预计到由气候变化引起的海平面上升、增长的暴雨和盐水入侵来避免当地洪水和沉降的危害，这些问题需要结合进滨水带的总规划中，以促使针对由来已久的城市基础设施问题开发出生物工程学的解决方法。从新加坡的例子中可以学习到，城市将来的主要目标是给滨水带赋予经济、环境和社会转变的持续的催化剂的功能，这种转变将许多城市转变为一个可持续的有机体——在那里，像水这样的自然资源有利于整个生态系统的健康。

生活在边缘

　　我们当然生活在边缘，不仅在建筑与水的交界这种自然环境物质的边缘，而且在我们的生活方式将要破坏地球平衡的时代的边缘。从现在开始，我们必须将全世界的力量集中在可持续的滨水带规划和不断的管理以及对安全、活跃的洁净滨水公共开放空间的保护上。公共官员和建筑师也必须在复苏城市设计中担当起重要的任务，不仅仅是像近期趋势那样只在滨水带上建造地标性的建筑。关于水的获奖作品和装饰成果对城市的特征当然是有帮助的，但对于长期持续的成果和我们环境的可居住性并没有太多帮助。关于未来滨水带规划的概念只能用设计和工程学科以及开发商、专家、投资者和公众合作的共同努力来实现。

　　最终，滨水带规划不禁要思考一个由来已久的问题，那就是为什么生活在水边如此吸引人类，以及为什么全世界水上的建筑如此吸引人？每个滨水带地区都创造出与众不同的环境，向每个人传达着一套独特的价值和灵感。如果没有水，不管是形象的建筑、惊人的艺术，还是最尖端的设计，都不能实现这样一个生机勃勃和不断变化的世界，增加我们的刺激感，提升我们和谐地生活在自然环境中的体验。

1 John Tibbetts, "Coastal Cities: Living on the Edge", Environmental Health Perspectives, November 2002.

2 Design to Improve Life! www.indexaward.dk

3 许多因素导致了港口的衰败：铁路运输向汽车货运的转变（铁路需要空间进行调度，现在不再必要），有的港口不再有能力容纳不断发展的更大的货船，重工业（依赖从港口运来的原材料）从城市内部的基地迁移到地价更低的城市郊区，对重型货物运输穿越城市越来越高涨的反对声音，这些变化都导致许多重要的港口逐渐衰败.

4 "Case Study - Vancouver: Granville Island & False Creek" www.PlanPhilly.com

5 Franz-Josef Höing, "Freiräume für die HafenCity Hamburg. Open Spaces for Hamburg's HafenCity". Topos, no. 48,2004. Coastlines and Harbours. www.topos.de/media/Heft-thema/b0162665_Franz.pdf

6 滨水带中心，一个非营利的教育组织，成立于1981年，其宗旨是滨水带——陆地与大海、海湾、湖泊、河流以及海峡的交界处——是独特的、有限的资源。www.waterfrontcenter.org

走向适应洪水的城市环境

克里斯·塞文伯根

印度拉贾斯坦邦法特普市由季风引起的洪水

昨天的城市

世界上的许多城市正面临着可持续生存和发展的挑战，并且正在探索一些方法，以增强应对不确定的未来的能力。在不断发展的世界中，这些挑战通常是由于脆弱的人们越来越多地集中在靠近河流、海岸和低洼地区这种更容易遭受水灾的脆弱地点。相关的财富、人口的增长、食物的供给、生活方式的期望、能量和资源的利用以及气候的变化，是压力也是动力。这一切都对我们设计未来城市的方法提出了新的挑战。

我们生活在"昨天的"城市里。我们今天看到的许多城市肌理——例如城市布置、建筑、道路和土地所有权——都是一个半世纪以前的城市政策和决策的遗产，有的城市甚至要更久远。明天的城市也将是由我们今天的决定所形成的。比起人们已经习惯的前几代城市，明天的城市必须应对物质、社会、经济和制度条件更快的变化。城市是进化的系统，我们对其行为规律所知甚少。我们知道城市是高度动态的，在这种动态中，城市面对着变化的环境和影响，并适应这些变化。在历史上很长一段时间内，城市总是能成功地应付新的环境条件，并因此有着极强的适应能力。从12世纪到19世纪，世界范围内只有42座城市是开发后又在某个时候被废弃的。[1]

比起我们所能估计和理解的那些引起变化的各种各样的动力，所有地方的城市正在更快地变化着——这些动力本身就是动态和流动的。另一方面，城市规划相对来说是固定的。做出开发决定的根据是一些法规，于是按照定义执行了对于城市未来形式的决定，也就确定了未来的"角色"。城市规划在一种政治的空论中产生，形成的决定在一个给定的时间内进行。因此在很大程度上，我们生活在"昨天的城市"里，从这个意义上说，我们今天看到的许多城市肌理——道路、建筑、土地所有权，等等——反映着过去做出决定的时期。由于流行的意识形态是变化的，所以我们的城市规划也是变化的。理解时间的作用以及时间是如何决定未来城市走向的，是城市弹性能力的关键部分。

2007年标志着一个历史上的转折点：从那时起，世界上一半的人口居住在城市。[2]而且，自从20世纪中期以来，工业化国家快速的城市生长趋势现在转移到了亚洲、非洲和拉丁美洲的发展中国家。城市化在一些地方带来了经济和社会财富的增长，但也给一些地方带来了持续的贫穷。在未来的30年到35年中，城市人口预计将从20亿翻番达到40亿。[3]这种增长率表明，未来40年中的每个星期都会有一个新城市的人口突破100万。

1995年荷兰德文特市的水灾。在1993年和1995年默兹河的水灾之后，荷兰的水灾风险管理政策已经变得非常迅速。他们没有修筑堤坝来束缚河水，而是采用了名为"给河流空间"的策略

荷兰阿尔梅勒的城市滨水带。阿尔梅勒是荷兰的新城之一。在这个城市中，水被视为一项必不可少的城市环境元素

不断增长的水灾威胁

由于这些大城市大多位于三角洲地区和其他低洼地区，城市的生长和随之而来的人口数量集中带来一个计划外的副作用，那就是越来越受到水灾的威胁。世界范围内，被水灾威胁的居民数量发生了剧烈的增长。而且，水灾变得比以前更加频繁并具有更大的破坏性影响。实际上，这些趋势表明，市民和城市社区面对水灾变得更脆弱了。

我们如何能减轻这种越来越增长的水灾威胁趋势的问题出现了。我们对于城市面对着洪水的暴露和敏感有足够的了解来揭示出应对这种整体增长的潜在过程吗？我们理解城市是如何生长以及这种增长对于城市对水灾的敏感性的影响将会是什么吗？不幸的是，答案是否定的。不管怎样，尽管21世纪的许多城市增长是发生在发展中世界，在一些工业化城市中，许多关于城市的功能是什么以及城市如何生长的理论已经在发展了。尽管依然缺乏广泛和系统的研究，大量的研究证实了一个通用的假定，即城市化基本上是不可控制的过程。基于美国的统计，在世界上扩张的城市中只有5%正在进行的新开发是有规划的。[4]

总体来说，城市正在变得越来越大、越来越密集。城市扩张是一个需要严肃关注的问题，而且被当成缓解城市致密化的一个正当理由。城市扩张是否应当被反对、接受或欢迎的基本问题基本上仍然没有解决。从水灾的角度来看，在过去十年中，杂乱无章的城市扩张或说"蔓延"已经获得了政策制定者和学术界的关注。这是因为除了气候变化，城市扩张被认为是越来越多的水灾危险的主要动因。在发展中国家，未经规划的分散开发一如既往地占有主导地位，在这些地方就会发生城市蔓延。如果围绕着城市边缘生长的地方受到强大的城市政策的调节，就可以保证城市开发更紧凑，并具有更不易受损的形式。很显然这些开发的方法对于水灾管理的方式来说有着直接的后果，不管是在城市地区和其居民潜在的脆弱性方面，还是在城市生长对于溢流和水灾可能性的影响方面，这种影响常常是没什么规律的。

乍看之下，在城市中提倡开放、绿色空间的水灾危险管理者和因为可持续的城市形式会有助于控制与运输相关的温室效应气体排放而坚持紧凑城市概念的人似乎有着相矛盾的兴趣。跟着而来的是，关于城市的理想形式存在许多理论和概念及其在实现可持续性方面的效益：一方面包括浓缩和集中的理论，另一方面还有在一定独立性的程度上分散的理论。然而，在应对可持续性、气候变化和水灾威胁方面，成功的城市规划并没有唯一的"神奇"处方。各种方法、工具、实施和程序也没有唯一的指定的结果。这是因为每个城市都是一个独特的复杂体。

在许多荷兰的低洼地中，对暴雨控制、水供应和城市扩张的要求导致了难以两全的土地要求，这使城市有必要探索多功能土地的利用。像哈勒默梅尔和最德普拉斯开拓地这样的洼地在未来的20年中将要容纳任仕达集团（Randstad）大量的住宅增长，而且其总表面积需要再多出20%来用作水资源储备。这些对于能抵御各种高度水平的洪水的社区的想象图景表明了适应波动的水平面（高达1米高差）和水储备的高密度城市开发是如何结合在同一个地区的。这就形成了一种结构上的区划，包括由适应洪水的住宅、基础设施和公共绿地组成的水灾抵御力强的社区

荷兰马斯莫贝尔镇的两栖住宅，Factor事务所设计，2007年建造。基地位于再开发地区的堤坝外面，选择这里是因为这里水平面的上涨是有规律的。近年来集水区盆地的洪水和相应的堤坝加固促成了这个住宅区的开发，这是根据一个全新的概念：在洪水期间漂浮的住宅。为了使住宅随着水平面的高度活动，它们被建造在中空的混凝土漂浮基座上。在水平面低的时候，住宅立在混凝土基础上。住宅有着尽可能轻的木头框架结构。为了防止住宅在水灾发生的时候漂走，它们被锚固在灵活固定的柱子上，这些柱子缓冲了洪水上涨的冲击力。预计每五年洪水就会涨到这个水平，住宅就会从地面上浮起。它们可以容许不同的水位高度，最高能升高5.5米

缺乏谨慎的规划，甚或无控制的建筑活动，都会加剧城市越来越受到水灾威胁的趋势，以下因素也是综合的原因：

1. 在原来不属于城市用地的地区进行新"绿地"开发，导致城市侵入和扩张进了易发水灾的地区，比如洪泛平原和低地；

2. 在建成区、原来被使用的地区（"棕色用地"）再开发并对其中保持开放的空间进行"填入"，导致了整体的密度提高，并因此造成封闭表面的增加和自然排水渠道的破坏；

3. 曾经开发过的城市地区即使在较大的洪水灾难之后也很少消失，并倾向于维持现状。从零开始纠正旧错误和采用新方法来降低洪水威胁的机会几乎没有被利用；

4. 对集中的基础设施系统和公共设施越来越多地依赖；庞大的、集中的系统一般都具有巨大的技术复杂性，并且比起小的、不集中的系统，在遭遇水灾时如果失败将会造成的更大的影响。一个突出的例子就是2007年英国经历的水灾，使得350000人长达17天失去了管道供水。

根据上面所说，城市越来越失去了主动地适应急速变化的能力，因此预计和处理水灾的能力弱化了。这些趋势为城市规划和设计提出了新的挑战。

天灾还是人祸

在历史上，自然灾害被视为"上帝所为"，是对常态的破坏。这导致人们将水灾当作外部灾害进行应对，这些灾害影响的是一个未设防而没准备的社会。[5]然而，在过去的一个世纪里，重大的洪水灾害担当了催化剂，改变了人们对于水灾的策略。这些灾害极大地提高了我们对于洪水的了解和应对水灾的能力。

尽管气候变化对水灾引起的损失所起到的真正作用比起其他因素（如在高风险地区城市人口的预期增长）的影响来说可谓微乎其微，但是在未来的几十年里，气候变化对于我们长期应对水灾方面可能将有较大的影响。无数研究表明我们应该现在就开始适应气候的变化，以防止未来为处理紧急事件而付出高昂的代价。这意味着水灾威胁管理战略必须符合目前的需要，同时为将来提供调节的途径。[6]

水灾管理政策随着时间而变化。这种转变是一个变化加剧过程，也是对洪水灾害或水灾威胁反应的过程，这些灾害和威胁起着加速这种过程的催化剂的作用。这里有一个重要的概念，即最近的水灾保护方法是基于过去气候灾害知识的累积：气候变化被认为是一个平稳的过程（可以用过去来预测未来）。较大的洪水灾害需要将水灾保护向着更综合的方法转变。然而，在过去的十年中，在关于水灾可能性的水文学可变因素和现有的统计分布方面，气候变化并不符合潜在的趋势。[7]现在所需要的是认识到未来有着固有的不确定性，科学并不一定能降低不确定性。[8]气候变化及其长期的影响与近期的科学不确定性[9]相结合，提出

漂浮的社区"新阿卡尼亚",荷兰Advin and Dura Vermeer,1999年。这个概念设计是为一座具有水灾恢复力的城市所做,是同类作品中的第一个荷兰设计概念竞赛获奖参赛作品之一,其目标是创造出适应荷兰上升的海平面的革新性解决方法

了特别的挑战。应对这些挑战的策略确实没有一个"最好的解决办法",而是在未来能够应对灾害的分布,不致太过意外即可,换句话说,不可预期是可预期的。从这个意义上说,气候变化提供了新的诱因来提前规划并干预极端灾害。

水灾恢复力

恢复力的概念总是被视为与传统的观点相反,传统的观点是尽量控制系统中的变化,系统通常被认为是稳定的。这个新出现的概念可能因此为管理城市水灾的包罗万象的方法提供了一种指导,这种指导产生出了对付变化和不确定性的策略。恢复力在各种不同的领域得到差异非常大的运用。因此,恢复力的内涵有着广泛的范围。然而,关于恢复力有一些统一的特征和共同的概念,即:

1. 加强恢复力被认为是一项对付不确定性和意外的理性策略;
2. 恢复力是一种系统的内在特性(复杂、动态);
3. 恢复力系统有从骚乱中恢复的能力(短期反应),并能应对变化的条件(长期反应)。[10]

因此,恢复力指的是应对变化和持续开发的能力(例如适应和学习)。坚实性和灵活性被认为是与加强恢复力最相关的机制。其他(部分是重叠的)机制也被认可,例如多样性、连通性、充足性和信息反馈机制。尽管进行了许多努力,我们必须承认,目前还没有切实的指导如何在城市的复杂环境中使恢复力具有操作性。

现在让我们以一种系统的观点来思考一座城市,来看一个城市系统的恢复力(对于水灾)是如何加强的。一个城市系统,像许多其他系统一样,例如生物有机体,都是有层次地构造起来的,并且产生出各个部分的特征所不能代替的特征("整体大于各部分之和")。作为一个总的方法,城市可以被描述为一个多层次的相互作用的系统的一部分。[11]城市系统是由各种各样的部分组成的,这些部分既进行输入,又产生输出。在一个比较低的空间性的层次,城市是由互相作用的部分或者说子系统组成的,例如建筑、交通网络和各种机构互相作用的配套企业园环境。在更高的层次上,城市是一个超级系统的一部分,由整个"集水区"组成。原则上说,在每一个空间层次上,基于一个系统对于水灾的可能的反应类型,有三种方法来降低整个系统的水灾威胁。这三种方法是减少暴发、降低系统的敏感性以及减轻影响(恢复)。水灾的暴发与物理机制直接相关,物理机制引起了通过集水区的水灾增加。水灾波及较低的空间层次的增加被设置在每一个水平上的门槛所缓冲。结果,在一定空间水平暴发的水灾依赖于在更高水平上采取的干预。换句话说,管理水灾暴发包括一个由上到下操作的反馈过程。在传统的水灾威胁管理政策中,水灾暴发总体上是通过政府干预,并局限于只在集水区水平上采取的方法。降低系统的敏感性将会降低直接或非直接的影响,或两者都降低。如果城市系统在它的属性中被证明有一种充分数量的冗余,它可以从一种属性转化成另一种属性。由于所谓的"涟漪作用",在一定程度上降低敏感性的干预可能也加强系统作为一个整体的冗余。结果,

多德雷赫特是荷兰最古老的城市之一，完全被水所包围。过去频繁的水灾迫使这座城市的市民使自己的住宅适应这些自然条件。许多历史建筑通过使用架高的结构、防水通道等方法来防范水灾

1953年的北海风暴潮之后的多德雷赫特市的Voorstraat大街，这次风暴毁坏了大片的沿海地区。在荷兰有1835人遇难。Delta Works是一种洪水防御系统，在这次风暴之后兴起

这些干预将降低直接影响，并因此在一个更高的空间层次上增加系统的稳固性。举个例子，设计一座防止水灾的建筑将会给房屋主人带来利益。大量的这种建筑会加强城市防范水灾的稳固性。或者当一个重要的水基础设施在水灾中被破坏，其他设施可以提供后备来保证水的传送。结论是：城市水灾恢复力包括多种空间层次；对这些层次之间的相互关系以及通过在一个层次上进行干预来降低系统作为一个整体的脆弱性有正确的认识是恢复力方法的基础。

除了空间维度的恢复力，还有时间维度上的。许多城市肌理和我们今天看到的结构是过去一段时期中做出的决策的结果。缩短建筑和基础设施的生命周期是适应长期变化的手段之一，修正旧的错误并因此提高水灾恢复力。在欧洲，建筑材料正在老化。在30年之内，大约有1/3的欧洲建筑材料会被更新。[12]因此，这些再开发项目可能提供一个机会之窗，在城市规划过程中进行校正并适应新的条件。

城市设计：理论、实践和执行机构之间的结合点

采纳这些创新的观点和方法，在城市范围内积累水灾恢复力的过程只是刚刚开始，而且，在这个领域内的研究非常有限。在当地范围进行开创性的努力和试验是必要的，并且支持了一种假设，即由下而上的主动行动可以塑造我们的城市，使城市更具水灾恢复力。在这种多面的、动态的背景中，城市设计被认为是理论、实践和执行机构之间的结合点。城市设计是目标、知识和实践经历汇到一起的熔炉，来实现水灾恢复力的发展。

多德雷赫特市的城市水灾管理项目是这种由下而上、当地自发的一个典型例子。多德雷赫特市位于上马特威的一个岛上，是莱茵河的一部分，这座城市面临的挑战是要在主要水灾防御系统之外的危险地区再开发和扩建中对变化的水灾威胁进行管理。项目表明，在这些建成区，水灾的后果通过对传统建筑和基础设施进行相对简单而独立的防洪修缮就可以减少。这些新的防洪措施可以提供一个除了物理的障碍以外的有吸引力的选择，物理障碍的形式主要是泥土堤岸或混凝土墙，同这些新的措施一起，进一步降低水灾的风险。名为"开放的"滨水带的城市设计的典型特征是使市民能看到河上壮观的全景画似的景色。

多德雷赫特市的城市水灾管理项目。现已发现，主要的水灾防御系统之外的泛洪区发生水灾的后果可以通过对建筑和基础设施进行相对简单的防洪修缮来降低。上图：规划的城市再开发；中图：在一次异常洪水灾难期间的多德雷赫特市；下图：现在的情况

　　由于这些建成区在异常水灾（可能导致水灾防御区后面的广大而密集的城市地区被洪水淹没）时可以为多德雷赫特的市民提供一个安全的庇护所，预想的总规划也将包括能够用作大部分人口垂直撤离的结构设计。

　　对水灾风险环境的长期的主动行动（LifE）[13]方法是一种综合的设计方法，使用长期和有适应能力的非防御型水灾风险管理反应，致力于减少潜在的水灾影响，而不是仅仅关注于防止水灾。这个方法的实施意味着开发项目要设计成使洪水和雨水以一种可控的并预定的方式进入、流过或围绕基地，而不是将水阻挡在外。其目的是创造适应性更强并且更直观的景观，提高对于水灾风险的意识，并潜在地降低其他地区的风险。这种革新性的方法为社区提供了更广泛的利益；并因此为实现负责任的、可持续发展的经济减少了障碍。[14]这种管理水灾风险的方法还在探索之中，其设计应使其在大部分时间里有可替代的用途，这些时间里并不用这些设施来处理洪水，例如被用作吸引人的绿色公共空间，在极端降水期间则用作暴雨存储设施。

对水灾风险环境的长期的主动行动（LifE）方法是一种综合的设计方法，这种方法使用长期和有适应能力的非防御型水灾风险管理反应，致力于减少潜在的水灾影响，而不仅仅是防止水灾。这个由巴卡建筑事务所（Baca Architects）提出的概念说明了在不同的集水区应选择什么样的建筑。[15]

上部集水区：
缓慢的雨水流下以减少排水沟的压力，并延缓了雨水进入河流。绿色屋顶和地下排水沟可以用于泛洪区。也可以使用地面方法，如沼泽地和雨水花园。

中部集水区：
让河水流经。通过减少泛洪区输送中的障碍使河水在洪水期间可以流淌。为水灾之后洪水流回河道提供路径。

下部集水区：
让潮水流走。通过使水绕基地经过并进入专用的洪水储存区以避免高潮汐。在防御区后建立恢复区以及紧急逃生路线。

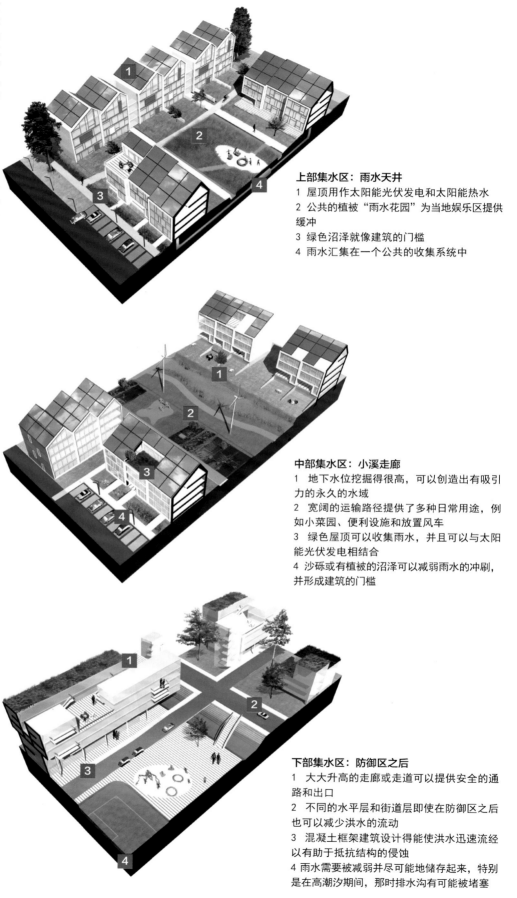

上部集水区：雨水天井
1 屋顶用作太阳能光伏发电和太阳能热水
2 公共的植被"雨水花园"为当地娱乐区提供缓冲
3 绿色沼泽就像建筑的门槛
4 雨水汇集在一个公共的收集系统中

中部集水区：小溪走廊
1 地下水位挖掘得很高，可以创造出有吸引力的永久的水域
2 宽阔的运输路径提供了多种日常用途，例如小菜园、便利设施和放置风车
3 绿色屋顶可以收集雨水，并且可以与太阳能光伏发电相结合
4 沙砾或有植被的沼泽可以减弱雨水的冲刷，并形成建筑的门槛

下部集水区：防御区之后
1 大大升高的走廊或走道可以提供安全的通路和出口
2 不同的水平层和街道层即使在防御区之后也可以减少洪水的流动
3 混凝土框架建筑设计得能使洪水迅速流经以有助于抵抗结构的侵蚀
4 雨水需要被减弱并尽可能地储存起来，特别是在高潮汐期间，那时排水沟有可能被堵塞

1 B. Allenby and J. Fink, "Viewpoint: Toward inherently secure and resilient societies", Science, vol. 309, no. 5737, 2005, pp. 1034-1036.

2 UN-Habitat, "Sustainable Urbanization: Local Actions for Urban Poverty Reduction, Emphasis on Finance and Planning", 21st Session of the Governance Council, 16-20 April, 2007, Nairobi, Kenya.

3 United Nations, "World Population Prospects: The 2005 Revision", United Nation Population Division, Department of Economic and Social Affairs, United Nations, New York, 2006.

4 A.Gentleman, "Architects aren't Ready for an Urbanized Planet", The International Herald Tribune, 20 August 2007.

5 J. P. Fleuvrier, "Flood Risk: Education and Folk Memory", EAT, special issue "Risques Naturels", 1995, pp. 29‐34.

6 参阅以下出版物：
C. Pahl-Wostl (ed.), "Framework for Adaptive Water Management Regimes and for the Transition between Regimes", NeWater project, Report Series, no. 12, 2006.
R. M. Ashley, J. Blanksby, J. Chapman and J. Zhou "Towards Integrated Approaches to Increase Resilience and Robustness for the Prevention and Mitigation of Flood Risk in Urban Areas", in: R. M. Ashley, S. Garvin, E. Pasche, A. Vassilopoulos and C. Zevenbergen (eds.), Advances in Urban Flood Management, London: Taylor and Francis, 2007.
R. M. Ashley, "An Adaptable Approach To Flood Risk Management For Local Urban Drainage", Defra Flood and Coastal Erosion Conference, York, 2007.
M. Muller, "Adapting to Climate Change: Water Management for Urban Resilience", Environment and Urbanization, no. 19, April 2007, pp. 99-113.

7 这种方法的例子有：
P. Kabat et al., "Climate Proofing The Netherlands", Nature, no. 438, 2005, pp. 283‐284.
European Environment Agency‐EEA, "Vulnerability and Adaptation to Climate Change in Europe", Technical Report, no. 7, 2005, Copenhagen, 2006.

8 例如见：
R. de Neufville, "Uncertainty Management for Engineering Systems Planning and Design", Engineering Systems Symposium, MIT, 29-31 March 2004.
A. Klinke and O. Renn, "Systematic risks as a challenge for policy making in risk governance", Forum: Qualitative Social Research, vol. 7, no. 1, 2006, Art. 33.

9 在认知的不确定性和变化的不确定性之间通常有一种区别。前者是由于不完备的知识，而后者是由于内在的反复无常。认知的不确定性尚可以通过测量结果来降低，而变化的不确定性代表的是自然的随机性，是无法降低的.

10 关于恢复力概念的更多信息，请参考：
E. Hollnagel, D. D. Woods, N. Leveson, Resilience Engineering, Concepts and Precepts, Hampshire: Ashgate Publishing, 2006.
G. C. Gallopin, "Linkages between Vulnerability, Resilience and Adaptive Capacity", Global Environmental Change, vol. 16, 2006, pp. 293‐303.

11 J. Fiksel, "Sustainability and Resilience: Toward a System Approach", Sustainability: Science, Practice and Policy, vol. 2, issue 2, 2006, pp. 14-22.

12 ECTP: European Construction Technology Platform, Strategic Research Agenda for the European Construction Sector, 2005.

13 LifE 计划（水灾风险环境的长期主动行动）是英国环境部资助的六个项目之一，这些项目涉及环境、食品和农村事务以及水灾和海岸侵蚀风险管理改革基金.

14 Baca Architects and BRE, The LifE Handbook "Long-term initiatives for flood risk environments (LifE)", Defra Innovation project SLD 2318, London: BRE Press, 2009.

15 上、中、下三个集水区是沿着河流的三个部分，每一个都有其主要的水文学和水力学条件。上集水区通常是带有陆峭落水的山地。密集的雨水期可能引起当地的洪水泛滥。因此这里的重点是通过尽可能多地滞留雨水来减少雨水径流。中间的部分主要用来应付河水泛滥；来自上游的洪水可能引起低洼洪泛区的水灾。因此，这里的重点是给河流以足够的空间，这样水可以淹没附近的陆地。最下面的部分接近河口或三角洲，那是河流变宽变缓的地方。潮汐会影响水平面的高低。这里采取的策略是容纳由潮汐引起或激化的周期性涨落的水平面.

水上建筑的类型：

艺术和文化建筑

娱乐建筑

生活建筑

工业与基础设施

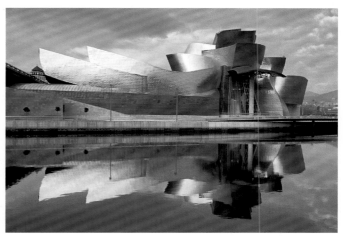

萨克尔生物研究学院的入口和中央庭院，拉由拉市，加利福尼亚州，路易斯·康设计，1965年

毕尔巴鄂古根海姆博物馆，西班牙，弗兰克·盖里设计，1997年

艺术和文化建筑

对于新建筑和再开发的项目来说，滨水带已经成为一个意义重大的地点，使城市不再仅仅是工业遗产，而是将城市的形象改造为适合当代生活和工作的地方。从全球来说，各个城市都在重新定位滨水带，将其处理成一个在社会、经济和城市框架的物质基础设施方面独特的元素。对废弃的工业基地的再利用对于使城市与水滨重新取得联系来说是一个新的机会，而且在这些场所建造的建筑有助于重新创造城市独特性和国际化的形象。对于城市理论家查尔斯·兰德利（Charles Landry）来说，"城市的美感、健康、运输、购物设施、洁净和公园这些便利设施非常重要，"比这些更重要的是"研究能力、信息资源和文化设施"，这些才能决定了城市的环境特色。[1]

如美国理论家理查德·马歇尔（Richard Marshall）所提到的，"滨水带是城市中设计者和规划者可以创造出城市当代景象的地方，而且在这样做的时候，也为城市文化增添了显而易见的价值。"[2]滨水带项目的高度可见性及其吸引力可以为大都市地区创造出新的特征，并且关系到一种城市生命力的表达，生命力是一个城市形象的关键。如马歇尔主张的，"滨水带已经成了城市展现抱负的舞台或新的表达。"[3]说到艺术和文化建筑的时候，马歇尔的观点是特别恰当的，这些建筑提供了一个平台，让人们从周围的世界探索有创造性的作品，因为城市是这个世界上受到国际关注的中心。

这个新任务需要有一个背景，为此应该追溯一些前人的

成果。就这一点而言，位于加利福尼亚州拉由拉市的萨克尔生物研究学院是一个典范。由路易斯·康（Louis Kahn）于1959~1965年设计，这个如今声名不怎么样的教育机构坐落于一个海岸悬崖之上，俯瞰着太平洋。建筑与其滨水带背景的明确关系不仅通过它的位置，而且通过建筑的方向和建筑中视线朝向水景的公共空间来强调。与这个结构最有联系的形象是雄伟的、成比例的外部庭院，由一条狭窄的水渠分为两半。当从一定角度看去，水似乎从基地的边缘流出，进入下面的大海。然而，当到达基地的边缘，就清楚地看到水流从广场的边缘像小瀑布一样流到下面一系列的水池里，象征着太平洋无限的广阔。水给建筑赋予了一种诗意的表现，而且水是构筑和定义这个建筑背景的元素，并创造出一个沉思和活动的场所，与这个研究机构的功能相呼应。

然而，对于创造与水交融的建筑最有意识的建筑师可能是日本设计师安藤忠雄。例如1989~1991年建于日本Hompukuji的更新项目水上神殿，Hompukuji是淡路岛北部的一个小镇，这座建筑表明了安藤将人们带入与水的空间关系的能力。神殿坐落在一个丘陵景观的中央，隐在一个椭圆形的水池中。水池从前面看被一座弯曲的混凝土墙挡着，引导着参观者来到入口，入口倾斜到圣洁的水池中央。在背面，水池向外延伸到自然环境中，俯瞰着稻田、山脉和大海。地下的圣殿反映着上面水池的形状。沉入地下的卵形水池也标志着安藤设计的直岛当代美术馆（Naoshima Contemporary Art Museum），于1995年在日本直岛开放。安藤通过将水引入岛屿，逆转了土地和包裹着土地的水体之间的关系。直

水上神殿鸟瞰图，淡路岛，日本，安藤忠雄设计，1991年

地中美术馆鸟瞰图，直岛，香川，日本，安藤忠雄设计，2004年

岛还有安藤的另一个建筑——地中美术馆（Chichu Art Museum）。安藤的设计是一种强有力的感觉体验，建造于一种日本传统的历史轨迹之上，即在物质和精神上对水与建筑关系的利用。

在物质上和隐喻上与水的关系更为显而易见的是弗兰克·盖里设计的西班牙毕尔巴鄂古根海姆博物馆。这座建筑1997年开放时被建筑师菲利浦·约翰逊认为是"我们这个时代最伟大的建筑"，它一直被当作通过偶像建筑来更新城市的讨论的里程碑。[4]这座建筑建于内维翁河畔一个原先的码头基地上，它的设计成为毕尔巴鄂城市更新成果的关键，这次更新是在1960年代和1970年代的经济衰退之后开始的，那时城市的制造业崩溃了，毕尔巴鄂遭遇了从高失业率到环境恶化种种问题。在1980年代，西班牙军事独裁者弗朗西斯科·佛朗哥（Francisco Franco）逝世五年之后，巴斯克区成为一个半自治的行政区。城市受到可以自己决定新未来可能性的激励，开始重新定位经济功能，从基础的工业功能转向将城市建立为一个金融服务和技术交流的中心。古根海姆博物馆被视为城市转变的一个灯塔。建筑令人怀想起以往停驻的巡航船，加上其反射的金属表皮立面，这座新的设计与城市作为原来的工业港口的角色联系起来。然而，那弯曲状的雕塑建筑形式和将钛作为建筑材料运用又为城市指向一个新的未来，即展现当代艺术和设计，并在之后吸引大量的游客。

尽管世界上其他一些地方也在试图仿效"毕尔巴鄂效应"，但很少有首都城市以外的新博物馆或美术馆能像它那么成功，有那么多的参观者。在开放的第一年，一个月内有

100000人参观这座博物馆。从那以后，博物馆每年大约迎来100万名参观者，证明了马歇尔·麦克卢汉（Marshall Mcluhan）的名言"媒介就是讯息"。同年，由意大利建筑师伦佐·皮亚诺（Renzo Piano）设计的国家科技博物馆（NEMO）在阿姆斯特丹开放，赢得了众多赞誉。这座建筑位于阿姆斯特丹北部港口地区，与它的滨水带背景有着直接的关系。建筑表面覆盖着铜，船形的结构突出在天际线上。它倾斜的屋顶是与基地的直接呼应，并且为参观者提供了一个屋顶露台和观景平台来俯瞰港口和城市。还有一座与城市框架的关系非常突出的建筑，那就是荷兰格罗宁根有100年历史的格罗宁根省博物馆的扩建，于1994年开放。这座博物馆是一座有着各种结构的综合体，收藏了各种流派的现代艺术藏品，由意大利建筑师亚力山德罗·门迪尼（Alessandro Mendini）设计，他还设计了建筑的中央装饰。建筑的两翼由菲利普·斯达克（Philippe Starck)、米歇尔·德·卢基（Michele De Lucchi）和奥地利蓝天组（Coop Himmelb[l]au）设计。这座非同寻常有着多彩棱角的后现代结构建筑群标志着博物馆藏品的多样性。建筑群濒临着Verbindings运河，就像一座桥梁，在主火车站和内部城市之间的基地上建立起一种联系。

在其他城市，对滨水带背景的原有工业建筑的适当再利用证明了水滨有着重新焕发活力的机会。在伦敦，城市中沿着南岸的广大地区、格林尼治半岛的工业废弃用地以及码头地区已经在平稳地进行更新。可能迄今为止最重要的更新项目就是2000年从原先的河岸电站改造而成的泰特美术馆，千

格罗宁根省博物馆，格罗宁根，荷兰，1994年
博物馆由三个体量构成：一座银色的圆柱形建筑，由菲利普·斯达克设计，一座黄色的塔楼，由亚力山德罗·门迪尼设计，以及一座灰蓝色的展馆，由奥地利蓝天组设计

国家科技博物馆，阿姆斯特丹，荷兰，伦佐·皮亚诺建筑工作室设计，1997年

禧桥的设计和建造更为其增添了独特性。除了开始得不太顺利（千禧桥在开放后不久就关闭了，因为走在上面的人会感到忽然的摇动，在改造后才重新开放），这座桥已经迎来送往了几千名参观者，这些参观者步行穿过泰晤士河，进入附近的圣保罗大教堂，并从附近的美术馆离开。千禧桥还是观赏城市和新滨水带开发的最好地点，因为它正在河的中央。

泰特美术馆由瑞士建筑师赫尔佐格与德梅隆（Herzog & de Meuron）设计，保持了工业设施庞大的外壳，但是将它提升为一个现代艺术博物馆，建筑外面覆盖了一个玻璃盒子，在夜晚从内部发着光，吸引着参观者来到这个先前被遗弃的河畔场所，一天到晚流连忘返。这个新的美术馆是如此成功（2006年对美术馆来说是破纪录的一年，这一年有500万参观者出席了展览和活动，使这里成了伦敦最受欢迎的旅游地），以至于最近要进行扩建。扩建部分是一个呈金字塔形堆叠的盒子结构，也是由赫尔佐格与德梅隆设计的，规划在与原来的建筑临近的一块基地上，预计于2012年开放。这个多层次的扩建将容纳更多的展览、教育和办公空间。这个地区还有一个更大的总规划，还将设计其他的文化建筑、景观和公共空间，这个总规划会在泰晤士河南岸造就一个以泰特美术馆为中心的新文化广场。

2003年，庄严的埃及亚历山大皇家图书馆新馆落成剪彩，由位于奥斯陆的斯诺赫塔建筑事务所（Snøhetta）设计。这是这个公司第一个重要的作品，这座巨大的综合体包括一个贯通11层布置的阅览室，以及一个会议中心、若干博物馆和画廊、一个天文馆和一个手稿修复研究室。

设计最吸引人之处是建筑及其滨水带背景之间的关系。建筑从一个反光的水池中生长出来。它倾斜的屋顶有32米高，呈一定角度弯向附近的海岸线，并被比作一个巨大的日晷。

还有的城市将更新成就与重要的文化事件联系在一起。1992年的巴塞罗那奥运会是重新开发威尔港（旧港）的一个必要的出发点，这座港口位于兰布拉大道的尽头。2004年，另一个盛会，世界文化论坛，联合国教科文组织的一个大会，用来作为Poblenou地区向城市东部转化的契机，并在海边创造出许多新的建筑，例如展览空间和会议中心，由国际知名的建筑师主持设计，包括赫尔佐格与德梅隆、MVRDV建筑设计事务所和让·努韦尔（Jean Nouvel）。

2006年，在西班牙瓦伦西亚举办的美洲杯帆船赛促成了莱万特海滩滨水地区的更新。由英国建筑师戴维·齐普菲尔德（David Chipperfield）设计的亭子成为这个年度帆船盛会的焦点。这个流线形体在11个月之内就形成了概念并建成，利用了滨水带的背景，通过一系列悬臂平台与景观结合在一起，平台上有着望向水面的无障碍视线，同时它还能延伸出去抵达下面的海滩。

Diller Scofidio+Renfro 建筑事务所为2002年瑞士博览会设计的 "模糊建筑" 媒体展馆, "位于瑞士伊韦尔东莱班(Yverden-les-Bains)的纳沙泰尔湖(Lake Neachatel)上。"

模糊建筑的灵感来自巴克明斯特·富勒的结构, 包括一个悬挑出湖面的直线支柱和斜杆组成的无尺寸限制的平衡结构, 由坡道进入。过滤过的湖水通过13000个喷嘴喷射成细密的水雾, 创造出一种人工云, 对应着变化的天气条件

美洲杯帆船赛建筑，瓦伦西亚，西班牙，戴维·齐普菲尔德设计，2006年

1992年世博会英国馆，塞维利亚，西班牙，尼古拉斯·格里姆肖设计，1992年

除了滨水带基地上的设计，水作为一种对于环境、技术、社会和美学原因来说的建筑设计必要的组成部分，已经成为创新性的建筑设计的焦点，并且已经为建筑和设计领域之中的思辨打开了新的领域。

例如，1992年，西班牙塞维利亚世博会英国馆的主要吸引力是一个65米长、18米高的水墙，说明了被动降温技术作为一种在公共展厅空间中控制气候条件的方法的潜力。由建筑师尼古拉斯·格里姆肖（Nicholas Grimshaw）与威廉·培伊（William Pye）合伙人公司合作设计，水用泵抽到结构顶端，从那里像小瀑布一样从东墙外面流下来，形成壮观的视觉效果，降低建筑表面的温度，并以此帮助内部降温。

用水作为一种材料元素也是防波堤（Hydra Pier）的核心，这是一个多媒体展厅，由位于纽约的阿斯托特建筑事务所（Asymptote）于2002年在哈勒默梅尔（Haarlemmermeer）为荷兰的佛罗丽阿德园艺博览会（Asymptote for the Floride）设计。建筑位于一个人工湖上。在这个每10年一届的荷兰园艺博览会期间，薄薄的一层水用泵抽到铝屋顶上，自由地从边缘流下，流到下面建筑边缘上。这个水的幕墙既是对于土地和水之间的边界的象征性表现，又是一种提供降温机制的元素。不断流动的水为设计增加了美感的元素，并且意味着立面不断地在光影流动中活跃着。

用水能够使建筑结构具有非物质化的潜力，这是Diller Scofidio+Renfro建筑事务所在2002年设计的"模糊建筑"背后的动力，这个建筑装置是瑞士世博会的一部分。水简直

成了建筑表面的构造材料。这个展馆参观者可以进入，用轻型钢无尺寸限制的平衡结构构成，大约90米宽，60米深，23米高，位于伊韦尔东莱班的纳沙泰尔湖上。水从湖中用泵抽上来，过滤后通过31500个高压雾喷嘴喷射成细密的水雾。一种自动天气系统监控着气温、湿度、风速和风向条件的变化，将数据输入中央电脑，来计算水压。设计团队将他们的项目总结为"气氛的建筑"。

还有一些项目研究了新媒介作为建筑的一个组成部分的潜力，以在运用数字和模拟技术来喷水的空间中的体验性元素作为特点。数字水展馆是一个为2008年西班牙萨拉戈萨世博会所委托的项目，由麻省理工学院的感知城市实验室（MIT's SENSEable City Laboratory）和由威廉·米歇尔(William J. Mitchell)领导的媒体实验室的智能城市（Media Lab's Smart Cities）研究小组合作开发，在计算机输入数据决定的变形几何体中注入水做的幕墙。这些液体和形状变化的薄膜创造出一个进入博览会的动态的入口。在世博会的其他地方，每分钟有5000升的水通过水塔展厅循环，创造出由巴塞罗那、伦敦和芝加哥的设计师集体的方案精心编排的互动展示。在塔中，喷射的水与数字投影融合在一起，展现出从宏大到微小的图样以及各种尺度感的水，进一步增加了展厅的艺术氛围特征。两个项目都暗示了水在我们生命中的重要性，以及它在建筑和城市设计中作为一种动态元素的作用。

这本书中的艺术和文化建筑全都位于正在迅速进行城市复兴的地区。通过建筑的设计展现了一种体验的多样性，这些建筑设计对应着城市框架的文脉以及建筑环境与水的关

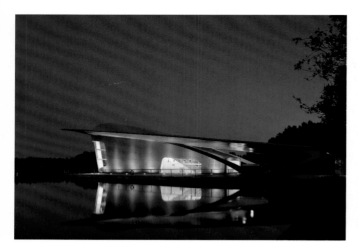

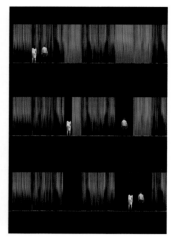

防波堤，哈勒默梅尔，荷兰，2002年。
展厅由佛罗丽阿德园艺博览会委托设计，这是一个10年一届的荷兰园艺博览会。水泵将水抽到屋顶上，一个3.5米高的水幕墙作为入口开端，展示出周围的景观，这些景观中的大部分在19世纪时都淹没在海平面以下了

2008年世博会上，参观者正在水塔展厅中与"水幕"进行互动，这是一个由集体合作在西班牙萨拉戈萨设计的方案，由真水形成可变的表面，并用数字技术增加效果

"水幕"的概念性故事板，结合了喷射的水、数字投影和计算机程序管理的互动开口，在水塔中共同形成了一个体验式的入口

系。汉堡科学中心是整个港口范围的更新项目的一部分，这个更新的目标是激活这个原先的工业港口。在波士顿当代艺术学院的例子中，新博物馆是试图在视觉上和物质上将城市建成的商业区及其滨水带联系起来的物质表现形式，促进了整个地区的再开发。同样，奥斯陆国家歌剧院的功能既是一个引人注目的新文化中心，又是这个平稳发展的城市一角的交汇点。

城市理论家简·雅各布斯（Jane Jacobs）曾在书中提出，城市的趣味只在于它的街道和公共空间，现在这已成为一套关于城市设计的著名丛书。我认为城市的趣味亦在于其建筑。雅各布斯以及包括理查德·马歇尔和查尔斯·兰德利在内的其他城市理论家所强调的是空间多样性以及具有多种特征、能鼓励人和思想的互动的场所的重要性。如兰德利坚持的，新的文化设施及其活力是"在产生灵感、自信、讨论或思想交流以及城市形象的创造中意义重大的因素"。[5]

娱乐建筑

娱乐空间对城市和农村地区的健康发展来说是极其必要的，能够为一代代人提供休闲和交流的场所。如评论家特蕾西·梅斯（Tracy Metz）提到的，"休闲的时间比你想要花费的时间还要多……我们社会的特性是由我们度过休闲时间的方式决定的，至少和我们的工作或拥有的财产一样重要……我们想要被刺激，我们想要快乐，想去体验一些事情，去尝试所有的事情……"[6]新的滨水带娱乐场所

正在彻底地改变城市景观，并提供与水交融的机会。人可以坐在河岸上让水从指缝流过，还可以进行更活跃的亲水活动，如游泳和划船，在清新的空气中野餐，人们越来越喜欢寻找机会去与水亲近。

贯穿整个历史，许多娱乐场所由于水的活力而吸引着众多参观者，例如罗马附近的蒂沃利市伊斯特别墅的水中花园，建造于1560年，以及广受欢迎的娱乐公园蒂沃利花园，在哥本哈根开放。更多近代的例子是将原先的工业水道改造为主要的娱乐和文化场所，利用了自然景观的活力，如德国西北部鲁尔河谷的埃姆歇公园，于1999年开放，以及阿姆斯特丹的Westergasfabriek公园，2003年开放。还有一些娱乐场所则结合了水作为设计的组成部分。

除了公园和广场，位于水边的建筑也提供了多种多样的娱乐空间，可以容纳各种各样的人和活动，有助于促进娱乐、教育和互动这些日常生活所有必要的方面。

施普雷桥游泳船（在冬天有屋顶覆盖，Wilk-Salinas建筑事务所设计，2005年），将一艘旧的河上大型游艇重新利用，改造为一个城市游泳池，位于柏林的施普雷河岸，德国

伊斯特别墅中的一百喷泉大道，位于罗马附近的蒂沃利，意大利，1560年

丹麦的蒂沃利花园，开放于1843年夏天，是世界上最古老的休闲公园之一

漂浮的游泳池，布鲁克林，纽约，齐纳森·克斯费尔德合伙公司设计，2007年

巴黎海滨浴场将夏天的首都转化为一个步行区，沿着塞纳河岸有着进行休闲和运动活动的场所

柏林的施普雷桥游泳船让人们有机会可以流连在施普雷河上，而且室外的游泳池和日光浴甲板重新创造了河边的公共生活，使这里从沉重的工业功能向着娱乐功能转化。这个游泳池用一艘旧的集装箱货船做成，被锚固在港口的东部地区。32米长的驳船充入了淡水，令人们产生在河中游泳的感觉。这个项目由公共艺术组织Stadtkunstprojekte e.V.的管理人海克·卡特琳娜·穆勒（Heike Catherina Müller）构想出。2002年，穆勒组织了一个通过在现有的桥上或桥周围的公共艺术项目将城市与施普雷河联系起来的概念设计竞赛。来自特内里费的AMP建筑师事务所和柏林的建筑师吉尔·维尔克（Gil Wilk）和艺术家苏珊·洛伦茨（Susanne Lorenz）赢得了竞赛，他们用创造性的想法以一个城市海上浴室的形式在河上创造了一座新桥。这个项目于2004年开放，成为一个非常受市民和游客欢迎的地方。2005年，游泳船加建了一个屋顶（Wilk–Salinas 建筑事务所设计），这个屋顶是由充气的塑料管子做成，覆盖了游泳池和甲板区域，使得游泳池在冬季的几个月里也适合桑拿和休闲。

1870年代到1940年代，在纽约有一个建造在城市历史的河边的类似浴场项目，位于曼哈顿河沿岸。2007年的夏天，一座漂浮的游泳池再一次呈现在布鲁克林的码头。这个概念，用了超过20年的时间来实施，创意来自于安·L·布滕魏泽（Ann L. Buttenwieser），她以前是一名公园公寓官员，曾经通过海王星基金会（Neptune Foundation）资助游泳池的工作，海王星基金会是她为了这个项目而成立的一个非营利组织。乔纳森·克斯费尔德合伙公司（Jonathan Kirschenfel-dAssociates）设计的直线形平面令人想起19世纪早期的浴室，带有更衣室、淋浴间、一个快餐厅，以及小的聚会区。

人工的海滩景观在夏季的几个月中也成了城市的名片。其中最成功的一个项目是2002年开放的巴黎海滨浴场，在法国的首都，每年在最热的几个星期中将右岸周围的地区改造为海滩。这个概念，由市长贝特朗-德拉诺埃（Bertrand Delanoë）牵头，特别适合由于时间和资源的限制不能在夏天离开城市的市民。透视画家让-克里斯托弗·肖布莱（Jean-Christophe Choblet）受委托为海滩创造一个"舞台"，覆盖了乔治·蓬皮杜高速公路上3公里的一段。每个夏天，这里都要安置海滩伞、"parabrume"造雾机、休闲椅、棕榈树，并用船运来大量的沙子，创造出一个区域，用于日光浴以及例如沙滩排球这样的运动，同时还可以举办音乐会和放映露天电影。这个海滩对巴黎来说是一个重要的成功举措，激发了其他城市纷纷效仿，包括阿姆斯特丹、柏林、布鲁塞尔、布达佩斯和罗马。

自1999年开始，由纽约当代美术馆和PS1现代艺术中心在纽约组织的青年建筑师论坛（Young Architects Forum）为建筑师们提供了一个设计休闲和表演试验性景观的论坛。在长岛的PS1庭院中的项目虽然不是安置在自然水体旁边，却以其创新性的设计成为了城市居民的一个胜地，其中有一些鼓励参观者互动的水景元素。例如纽约的SHoP建筑事务所2000年设计的一个波浪形木头甲板，表面有用于休闲的座位区和用于划船的浅水池。

这些项目中有许多是为了给城市居民在夏季的几个月时

Dunescape，SHoP建筑事务所为纽约现代艺术博物馆PS1的青年建筑师计划所做的一个夏季庭院装置，长岛，纽约，2000年

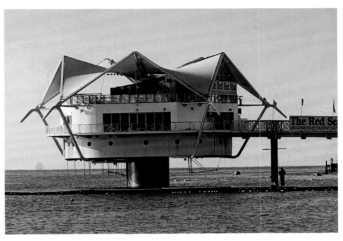

红海之星水下餐厅，伸出埃拉特海岸线的酒吧和瞭望台，以色列，安亚拉·瑟伐蒂设计，1999年

间里提供一个避暑胜地而设计的。这些项目说明了新鲜而没有预期的经历有着固有的可能性，这种经历是我们城市环境的内存部分。与《城市先驱》（Urban Pioneers）的作者一样，这本探索公共空间调节的著作证明，这些项目可以有助于"城市的社会和经济基础"，也推动了再生出"有活力的城市景观"。尽管通常在运作上很复杂，而且要耗费很多的时间，但其结果可能是非常积极的，能够提供促进交流和推动社会凝聚力的新景观。而且，这些项目可以发起能够对整个地区产生积极影响的开发，来帮助减轻后工业衰退的负面影响，并为城市带来更新的形象。

这本书中研究的娱乐设施通常是城市和郊区更新的成功推动器。这些项目提供了新的聚会空间、有活力的区域以及将人们聚合在一起分享经验的休闲区域，这些经验是我们越来越刻板而复杂的日常生活的解毒剂。

穆尔河上的小岛是一个表演和游乐空间，由位于纽约的阿克奇工作室（Acconci Studio）设计，是受2003年奥地利格拉兹长达一年的艺术和文化庆典活动所委托。这个贝壳一样的形式重新诠释了传统的驳船上的漂浮表演场所，并形成了一座跨越河流的桥梁，还有剧院表演和儿童游乐的场所。

数百年来，矿泉疗养胜地的设计一直在利用着建筑与水之间的关系。在罗马时期，洗浴是日常生活的必要部分。经典设计的公共浴室提供了共同洗浴和社交的场所。它们的设计在维特鲁威的《建筑十书》中已经讨论过，这本书被认为是在公元前15世纪著成的。在中东，土耳其浴或者"hamam"，一种蒸汽浴的形式，也在社会中起到了重要

的作用。Hamam在奥特曼王国统治时期流行起来，成为城市中会见和聚会的中心地点，也是清洁的场所。如今，矿泉疗养胜地利用了矿泉水治疗疾病和强身健体的优点。尼古拉斯·格里姆肖设计的温泉浴室从近年来建造的其他当代的洗浴建筑中脱颖而出，原因是它对特殊历史性背景的呼应，同样的建筑还有1996年建成的由瑞士建筑师彼得·卒母托（Peter Zumthor）设计的著名的瓦尔斯温泉浴场。与位于瑞士阿尔卑斯山脉的瓦尔斯温泉浴场所在的乡村地点不同，温泉浴室位于巴斯，一个英格兰南部的小镇，这个小镇位于一个原来的温泉胜地的基地上，2000年来人们在这里享受着这个英格兰唯一的自然温泉。

有着滨水背景的餐馆近水的特征绝对是一个令人愉快的因素。引人注目的例子包括著名的伸出埃拉特海岸线的红海之星水下餐厅，由特拉维夫的设计师安亚拉·瑟伐蒂（Ayala Serfaty）设计，位于水面下5米，有着观赏附近海洋生物的窗户。还有这本书实例中提到的很有特色的东岸咖啡馆，尽管尺度不大，但它在沿着英格兰海岸为假日游客提供简单餐饮的传统刷白木头小屋中独树一帜，呈现出创新的面貌。

瓦尔斯温泉浴场，瑞士，彼得·卒母托设计，1996年

温泉浴室，巴斯，英国，尼古拉斯·格里姆肖设计，2006年

国家议会大楼，达卡，孟加拉国，路易斯·康设计，1962~1983年

议会大厦，昌迪加尔，印度，勒·柯布西耶设计，1964年

生活建筑

　　根据荷兰建筑师汉斯·芬豪森（Hans Venhuizen）所说，"两栖生活就是住宅能最理想地调整"来适应不同的水体，"尽可能多地适应这些条件的特征。"[7]尽管他的评论指的是临时的或移动的漂浮住宅，但这些评论对于坐落在水边的常年使用的更永久的住宅也同样适用。如保罗·莫伊尔斯（Paul Meurs）主张的，"经济增长的到来和技术的发展为建筑提供了实际上无限的可能性。在20世纪，建筑忽然变得可以建造在任何地方。"[8]

　　贯穿历史，我们的居住空间都与它们的背景有着共生关系，无论是环境的、美学的还是社会的原因。在欧洲，几百年来城堡都建造在河畔或被充满水的人工护城河环绕，护城河可以把所有的东西挡在外面，除了最有决心的入侵者。例如，利兹城堡，由罗伯特·德·克雷弗克（Robert de Crevecoeur）设计，于1119年为爱德华一世国王而建，建于英格兰东南部的伦河的两个小岛上。石头的城堡在基地上替代了原来的木头结构。最初的木头吊桥被石头的砌道所代替，一系列新设计加建的塔保卫着城堡。建在英格兰南海岸线上的博丁安城堡，一座中世纪四边形的城堡，由爱德华·戴利格瑞治爵士（Sir Edward Dalyngrigge）于1385年建于东苏塞克斯，他是爱德华三世时期的一位前爵士，这座城堡也围绕着护城河。法国卢瓦尔河谷的舍侬索城堡1521年建于一个古老的磨坊和城堡的基址上，是一个更特别的例子。由法国国王查理八世的财务大臣汤玛斯·波黑尔（Thomas Bohier）委托，这座建筑，不是建在水中央，而是像一座底层带有拱

的桥一样跨在察尔河上。一条画廊在建筑的中央从一端延伸到另一端。不过，与以前的城堡一样，这座城堡也是由四面围绕的护城河来限定。城堡最初是从每一边河上的木头吊桥进入的，现在换成了石桥。东方世界的城堡和堡垒也是以精心设计的护城河为特色。例如，东京的日本皇宫，建成于1888年，但是毁于二战，之后又以同样的风格重建，由一条护城河环绕，如今被利用得非常充分，人们可以在这里休闲、划船、钓鱼，还有餐馆用于就餐。紫禁城是中国从明代中期到清代末年的皇宫，也围绕着护城河。这个综合体建于1406年到1420年，从1924年开始由故宫博物院掌管，这个场所，包括6米深、52米宽的水体，现在形成了一个公共景点。

　　建筑与水的关系在亚洲有着深远的历史。禅宗中有主要影响的一个分支提倡建筑和自然的环境要在内部和外部空间上天衣无缝地融合在一起，成为一种精神的隐喻。如詹姆斯·瓦恩斯（James Wines）所写的，禅宗的曼陀罗（一种宗教上的圆满），"提出一个教义的双重的范围——一种是'原理和起因'，另一种是'智慧和结果'。"换言之，如瓦恩斯所解释的，"曼陀罗是对于精神状态的象征性的指代，在其中精神成了一种景观，达到了一种自然与完美的平静和灵性的融合。"[9]在亚洲建筑早期的例子中，内部和外部通过开放平面的空间组织和从室外借景用于室内的方法互相融合在一起，这些景物如石头、木头和其他自然材料，以及设置水景和小型的反光水池。组成日本京都的桂离宫（建成于1650年）的众多建筑围绕着

利兹城堡,英格兰肯特郡附近,由一条护城河围绕。城堡回溯到1119年,最初由罗伯特·德·克雷弗克建造,取代了之前的撒克逊庄园

东苏塞克斯的博丁安城堡,南英格兰,建于1385年,是一座晚期中世纪护城河城堡的实例

11世纪的舍侬索城堡,位于法国卢瓦尔河谷的小村舍侬索,建于察尔河上一个旧磨坊的基址上

东京的皇宫,日本,最初建于1888年,是一个带有建筑组群的花园式区域,周围水池环绕,是日本皇室的主要居所

桂离宫中的一个装饰水池,京都,日本,1650年

阿格拉的泰姬陵,印度,约建于1653年

一个池塘精心建造，池塘由来自桂川河的水形成。其理念是在一个环境中创造微观世界的生命形式。对室外生活空间的刻画也反映出室内创造出的空间，在禅宗建筑中起着基础性的作用。木头屏风和其他建筑元素的运用，以及室外座椅的布置，形成了对冥想和休闲区域的划分。根据瓦恩斯所说，"禅不是关于花园的，也不是从纯粹观察的视角看来的自然，而是关于自然的行为"，其方式就是通过建筑与自然的共生。[10]

在印度，建筑与水之间的密切关系已经存在了好几个世纪，无论是用于防御，如宫殿中的情况，还是作为娱乐场所，如池塘以及邻近河流和溪水的地区。这些水体也提供了自然的通风，风从水面扫过变得更清凉。宫殿前的装饰水池，如阿格拉的泰姬陵，也因水池反射的特性而令人喜爱，使得建筑看起来在尺度上更雄伟。在宗教节日之类的活动期间，水中装饰着蜡烛和灯笼，标志出这些特别的场合。"在宗教的背景中，水以其抽象的纯粹性和神圣性扮演着重要的角色，在宫殿的背景中，水在物质上的纯净性以及人们看见水而产生的愉悦……似乎更加重要。"[11]

20世纪，水之建筑继续在亚洲扮演着重要的角色。例如，勒·柯布西耶（Le Corbusier）将大体量的水结合进了昌迪加尔国会综合楼的设计中，这座建筑建成于1964年。黑格瓦尔德（Hegewald）认为"从一定的视点，这些水池传达出议会大厦和高级法院漂浮在水上的幻象。"[12]她还举了一个更晚时期的例子，即路易斯·康为孟加拉达卡国会建筑所做的设计，是一个在蓄水池中以及围绕着蓄水池所做的规划，这座建筑于1962年至1983年建造。

其他建筑师如弗兰克·劳埃德·赖特（Frank Lloyd Wright），因立足于取自亚洲建筑技术的设计而声名鹊起（众所周知他曾经访问过亚洲并研究过亚洲的建筑），只是把它们运用到西方的背景中。他的设计是从与自然和谐的有机建筑衍生出来的。例如，1936年，他因流水别墅而受到赞誉，这是建造在宾夕法尼亚州熊跑溪乡村环境中的一座住宅，业主是埃德加·J·考夫曼（Edgar J. Kaufmann），一个匹兹堡的成功商人，也是考夫曼百货公司的创始人。流水别墅以前是他的周末别墅，现在归西宾夕法尼亚保护委员会所有，并向公众开放，这个例子说明了赖特对于创造与自然和谐的有机建筑非常感兴趣。流水别墅的设计，如它的名字所暗示的，需要将房子建造在瀑布的上方。悬挑的阳台象征着周围的岩石向着树木繁茂的地区延伸的形象，就像对平展的土地的复制，创造出建筑与周围环境的联系。通过结构与地形的呼应以及材料的运用，建筑与其环境无论在物质上还是视觉上都有着内在的联系，材料通常来自当地。建筑的结构也加强了这种关

罗维尔滨海住宅，纽波特海滩，加利福尼亚州，美国，
鲁道夫·辛德勒设计，1926年

流水别墅，熊跑溪，宾夕法尼亚州，美国，弗兰克·劳埃德·赖特设计，1936年

系。从地面贯通到顶棚的玻璃和石墙直接相交，而不用任何金属框。因此形成了一种室内外空间自由流动的错觉。

罗维尔滨海住宅（Lovell Beach House）建成于1926年，位于美国西海岸，也是一个与其滨水环境有直接联系的住宅实例。这座建筑建于加利福尼亚州的纽波特海滩，水平的线条和悬挑的平板结构令人联想到弗兰克·劳埃德·赖特的建筑，设计者鲁道夫·辛德勒（Rudolph Schindler）20世纪初曾在赖特的工作室工作过。面向着大海的建筑西立面那清晰的结构令开放的生活区域有着全景画式的水景。将建筑在基地上抬高使得海滩延伸进建筑下方的区域，并为室外活动提供了一个遮风避雨的空间。

全世界的建筑师都在不断地通过新的住宅审视和挑战建筑与水之间的相互关系，其中荷兰在水上建筑方面无疑是最有前瞻性的国家之一。荷兰人已经与洪水斗争了数百年，开发出了堤坝和复杂的抽水系统以把水阻挡在海湾里。基于必要性和生态规则，以及有1/3的国土面积位于海平面以下的条件，荷兰的建筑师一直在重新思考传统的战略，来建造环水景观上的新住宅社区。

例如，在20世纪的最后10年，阿姆斯特丹一个原来的港口区东港区被指定为新住宅开发的基地。2000年，荷兰West 8景观设计与城市规划事务所在城市北部的Borneo和Sporenburg半岛设计了能容纳2500人的居住区，混合了各种建筑类型，从密集的公寓到带有庭院的别墅都有。最新开发的艾瑟尔堡是一个新的住宅区，位于阿姆斯特丹东边的艾瑟尔堡湖里的七个人工岛上。这些岛屿是由疏浚挖出的沙子建造的，这些沙子一层一层地铺在淡水湖艾瑟尔堡湖上。这些岛屿完成之后，将建造大约18000座住宅，为45000位城市居民提供住所。这个项目最初开始于1996年，一年后由于这个项目越来越多地牵涉到一些生态问题而停滞。接下来进行了紧锣密鼓的研究，但是没有起到决定性的作用，后来在1997年进行了全民投票，然后项目根据1996年完成的一项城市规划重新开工，这项规划是由Palmboom & Van den Bout公司完成的。第一批建筑于2002年在Haveneiland岛上建成，2005年这一城区开通了Ij有轨电车。

在荷兰中部的一个城市阿尔默勒，有一系列建造在爱塞美尔湖洼地由堤坝围成的低洼开发区上的实验性住宅社区，这些社区是研究创造新的灵活居住的密集社区的优秀实例。建造于2001年、由UN工作室设计的48座水上住宅以其建造地点而令人印象深刻。每个单位的一层地面突出来形成一个前面是玻璃的阳台，将自然光线引入仓库一样的空间，并有着穿过景观的畅通无阻的视线。

Borneo和Sporenburg半岛鸟瞰图，这是一个由West 8景观设计与城市规划事务所做总规划的居住区，位于荷兰阿姆斯特丹东港区。第一批建筑于2002年建成

Borneo和Sporenburg半岛一个圆形住宅区的细部鸟瞰图

水上住宅，阿尔默勒，荷兰，UN工作室设计，2001年

在卡拉拉国家公园为方舟世界基金会（Ark of the World Foundation）所做的一个室外博物馆方案，哥斯达黎加，格雷戈·林恩设计，2002年竞赛

由爱德蒙·卡特、尼基塔·沙阿和阿什万·巴尔加瓦设计的支架上的水上住宅学生方案，2005年

在哥斯达黎加，浓密的热带雨林环境为建筑项目的创新提供了一个吸引人的背景。位于洛杉矶的格雷戈·林恩（Greg Lynn）事务所设计的世界方舟是一个有趣的案例研究。色彩鲜艳的结构坐落在卡拉拉国家公园边缘的一个人工湖上，它的形式起源于当地的热带植物和花朵。博物馆球根状的形状是通过计算机建模软件实现的，林恩就是以此而著名。世界方舟是一个仍在概念阶段的项目，包含一个自然历史博物馆、生态参观者中心和当代艺术博物馆。建筑的有机形式依偎在环境中，像一朵奇异的花。它那触目惊心的绿色须蔓延伸过水面，与陆地形成一种联系。

近水生活有着颇多好处：如画的景色、自然的背景和近水活动的机会。然而，这种生活也有许多挑战，其中就包括水灾的潜在威胁。2005年5月，格雷戈·林恩还教授了一门研究生课程，主要关注抵抗水灾的住宅，有来自鹿特丹建筑与城市设计学院、代尔夫特理工大学、鹿特丹国际建筑双年展、荷兰建筑学会和贝尔拉格学院的60名建筑师学生。研讨会集中研究了荷兰的代芬特，一个有水灾风险的地区，作为调查的实例研究。

斯泰西·托马斯（Stacey Thomas）、蒂娜·耶莱克（Tina Jelenc）、金坦·拉韦什亚（Chintan Raveshia）和弗洛里安·海因策尔曼（Florian Heinzelmann）构想出了"小行星"（Asteroid），一个雕塑般的建筑，有着玻璃板组成的多面体表面，随着洪水升起和落下，能欣赏旱季陆上和雨季水上的景色。爱德蒙·卡特（Edmund Carter）、尼基塔·沙阿（NikitaShah）和阿什万·巴尔加瓦(Ashvin-Bhargava)的设计也很引人注目。甲壳动物般的壳状住宅是一个轻型结构，在一个瘦长的三脚架布置的腿上，漂浮在水上，使建筑能随着潮水的变化升降。这些未来主义的设计让人联想到像朗·赫伦（Ron Herron）这样的设计师设计的梦幻般的建筑，他是阿基格拉姆学派（Archigram，亦译为"建筑电讯团"或"阿基格拉姆集团"——译者注）的一员，在1964年提出了"步行城市"，一个巨大的、独立的生命卵囊，能够在景观中漫步。还有一个设计名为"水蟑螂"，如它的名字所暗示，来自自然界的灵感，为新住宅提供了非传统的解决方案，适应由波动的环境条件带来的变化。

当建筑师们为当代生活创造着空前先进的系统时，美国建筑师和艺术家詹姆斯·瓦恩斯主张"建筑的美学价值不应该再被仅仅视为一种抽象的形式、空间和结构的雕塑艺术，而应该将重心转向一种与精神对话更为相关的信息上和文脉上的联系。"瓦恩斯呼吁建筑师们继续致力于对规则的重新规定，向新的理念和方法开放，这些理念和方法是对当代生活的回应，也反过来改变当代生活。他总结出建筑应当"被视为一种对建筑的基本定义批判性评论的方法，建筑作为图

学生方案"小行星"，一种新型的抵抗洪水的住宅，由斯泰西·托马斯、蒂娜·耶莱克、金坦·拉韦什亚和弗洛里安·海因策尔曼设计，2005年

横滨国际港口码头，横滨，日本，FOA建筑事务所设计，2002年

像和抽象的混杂融合，作为'环境海绵'，从文脉资源的最广泛可能性范围内吸收它们的形象线索。"[13]

瓦恩斯的观点在本书中研究的开创性项目中得到了共鸣，本书提供了各种各样的建在水上或水边的居住建筑实例。例如，由IwamotoScott建筑事务所设计的水母住宅坐落于旧金山海湾，利用了电脑技术对工业废弃用地进行了补救处理，重新循环和提纯了中水溢流，并生成建筑自身的被动式供暖和降温机制，目的是为住宅创造出自给自足的有机功能。

法国设计师埃万和罗南·布鲁莱（Erwan and Ronan Bour-oullec）设计的"漂浮房屋"是一个漂浮结构，灵感来自于游艇和小木屋，兼作国家印刷世界中心的常住艺术家的工作室和生活单元，国家印刷世界中心是巴黎的一个当代艺术机构。

在加拿大安大略省的休伦湖上，MOS建筑事务所在设计一个优美的木质夏季别墅中，为了适应易变的基地的措施，而使别墅漂浮在水上，随着潮汐升起和落下。

韩国Mass Studies建筑事务所设计的首尔公社规模更大。与MVRDV建筑设计事务所设计的Silodam公寓住宅一样，后者也是本书的例子之一，首尔公社的目标是提出一种新型的、相互作用的、全体公用的生活形式，其中公共空间在整个建筑中是共享的，提供了互动和交流的机会。引人注目的组群高层结构被设想为一个可持续性的模型，结合了复杂的原创方案，从一个可以为建筑降温和清洁的绿色幕墙开始，到计划性的元素，包括一个水道和湖组成的网络，位于建筑的基部，供公众使用。

从轻型的、低持续的设计到更复杂的根据地貌去设计建筑的方法并且涉及电脑技术和新建筑材料的试验，这些视觉上有吸引力并同时能调节我们与水的关系的智能方案，将建筑领域向着新的解决方法开放，以达到更安全、更健康和更合理的生活方式。

工业与基础设施

自19世纪末以来，城市与水之间的边缘已经主要是商业和工业建筑，隔断了公众与水的接近，而且重工业、污染和密集的交通令人憎恶。上溯至1960年代，滨水带在很大程度上被公众忽视，而且更有可能被冠以高速公路的特征，就像围绕着纽约曼哈顿的高速公路的特征，而不是一个在城市的社会、经济和物质生活中有特色的元素。在过去的几十年中，技术的变化和向着更服务型经济的转移将许多工业活动移出城市，因此远离了中央滨水带所在地。然而，许多必要的商业建筑，如码头、渡口和航线终端或用于海岸巡逻的建筑仍然是滨水带的一个特征，要把它们移走不管是从运筹方面还是从生态方面都花费太高或者非常复杂。滨水带更新在过去的几十年里已经开始萌芽，成了一种加强城市经济和提高生活质量的方法，世界上许多地方的滨水带一般都有过去经营工业和制造业的历史遗迹，对于规划和管理城市来说，这其实既是挑战又是机会。引人注目的建筑正在提升这些地区的档次并且带来了新的用途和活力，是滨水带更新的一个兴趣点所在。如美国城市规划师雷蒙德·加斯蒂尔（Raymond W.

关西国际机场，大阪湾，日本，伦佐·皮亚诺建筑工作室设计，1994年

轮渡和航线终端，汉堡，威尔·奥尔索普设计，1993年

Gastil）指出的，"思维开放的社会能够意识到所有的城市和社会都可以得到提升，并在持续的更新中得到繁荣，无论是在物质还是重要性方面，这是一种深刻的实用主义的方式，这样的社会中设计出的滨水带能够迎接变化。"他还表示，非凡的建筑和设计"被视为一种文化表达的领域，对城市的生长是必不可少的——并不是像在规划者、金融家和政策参与者做出决策之后那点必要的装饰那样的非主流……"[14]

最近几年完成的新的工业滨水带建筑中最令人震惊的例子之一就是FOA建筑事务所（Foreign Office Architects）设计的横滨国际港口码头，始建于2002年。由亚历杭德罗·塞拉·波洛（Alejandro Zaera Polo）和法尔希德·穆萨维（Farshid Moussavi）设计，他们是这个位于伦敦的建筑工作室的领衔人物，这个多功能的建筑从此成了这个工作室创新性设计的先驱。FOA通过一个国际设计竞赛赢得了这个项目，竞赛要求的是一个旅客航线终端，要有满足城市各种活动的混合空间，例如艺术展览和运动区。FOA没有采用线性导向的循环交通，而是画出了一个多导向的伸展表面的空间，考虑到了码头各个部分之间的相互联系，促进了流程替换和公共交流。而且，多层的基地在物质和视觉上将水和陆地联系在一起，使人们很容易理解到这个项目是城市的一种明显的延伸。

FOA的设计与另一个建在水上的巨大项目有得一比，这个著名的例子就是关西国际机场，它是第一个建在海上的建筑，包括由伦佐·皮亚诺建筑工作室设计的4层航站楼。这座建筑开放于1994年，将工业和休闲设施的综合体与游戏、零售和娱乐结合在了一起。

然而，规模小一些的项目可能在为工业水道提供新的特性方面也同样有影响力。威尔·奥尔索普（Will Alsop）设计的轮渡和航线终端，于1993年在汉堡建造，为乘船的旅客规划了一条到达城市的新水道。玻璃和铝结构的阶梯形立面起着水上瞭望塔的作用。预制的部分降低了建筑的成本，令其可以在一个相当短的时期内建成。加斯蒂尔指出"奥尔索普将高技的语言与体验建筑的愉悦相结合的能力——甲板由细钢索来支撑，穿过玻璃管的隔板，一种咄咄逼人的、令人难忘的建筑形象与它的基地有着技术上和文化上的联系——是无与伦比的。"[15]

另一个致力于使滨水带焕发活力的项目是Waterstudio.nl公司为迪拜一个漂浮航线终端所做的壮观方案，大得足以同时停泊世界上三艘最大的游轮。三角形的形状在一个点上抬升起来，形成了小船通向内部港口的入口，再乘水上出租车到达陆地。终端内部将有165000平方米的零售、会议、电影院、旅馆和类似功能的空间。

还有几个与水有着直接联系的设计是由执业于纽约的建筑师斯蒂文·霍尔（Steven Holl）设计的，包括本书讨论的惠特尼水净化厂。这座建筑类似于一个挤压出的水滴，其设计既在物质上又在视觉上呼应了它作为一个水净化设施的功能。霍尔还曾致力于将原先的工业仓库转换为新的商业和居住空间这样的适当再利用项目，包括阿姆斯特丹辛厄尔运河沿岸的Sarphatistraat办公楼。这座建筑表面是胶合板和铜的筛孔，阳光照进这个立方体工业建筑的多层立面，在一天的过程中变换着

Sarphatistraat办公楼，阿姆斯特丹，荷兰，斯蒂文·霍尔设计，2000年

为迪拜一个漂浮航线终端所做的竞赛方案，阿联酋，Waterstudio.nl公司设计，2014年

颜色，就像对附近水道变化的本质的一种呼应。

滨水带需要的是与城市背景在物质上和规划上都能融合的独特建筑，例如由荷兰的UN Studio工作室设计的意大利热那亚的多层次海港码头重建工程帕罗迪桥综合体。这个项目的功能既是一个轮渡和游艇的终端，又是一个娱乐休闲设施的基地，将城市的边缘向水上延伸。

De Zwarte Hond建筑事务所在荷兰设计的交通控制中心那雕塑般的形体对它的滨水带背景既在功能上又在视觉上的直接呼应，重新诠释了原先设计的工业瞭望塔。

波浪花园可能是在环境能力和混合功能构件方面最具创新性的项目了。小渊谕介（Yusuke Obuchi）为一个新型的景观构想了这个先进的概念，这个景观由一个发电厂和一个休闲场所组成，而当时他还是普林斯顿大学一名建筑学学生。在这个例子中利用了可更新能源的潜力，即波浪动力，这个项目的目标是使我们的能量消耗通过景观中的物理元素变得更加清晰可见，是一种增强我们对自然资源认识的方法。

1 Charles Landry, The Creative City: A Toolkit for Urban Innovators, London: Earthscan Publications, Ltd., 2000, p. 122.

2 Richard Marshall, Waterfronts in Post-Industrial Cities, London: Taylor & Francis, 2001, p. 54.

3 Ibid.

4 Denny Lee, "Bilbao, 10 Years Later", The New York Times, 23 September, 2007.

5 Charles Landry, The Creative City: A Toolkit for Urban Innovators, London: Earthscan Publications, Ltd., 2000, p. 123.

6 Tracy Metz, Fun! Leisure and the Landscape, Rotterdam: NAI Publishers, 2002, pp. 8–9.

7 Hans Venhuizen, ed., Amfibisch Wonen/Amphibious Living, Rotterdam: NAi Publishers, 2000, p. 17.

8 Ibid., p. 37.

9 James Wines, Green Architecture, Köln: Taschen, 2000, p. 56.

10 Ibid.

11 Julia A. B. Hegewald, Water Architecture in South Asia: A Study of Types, Development and Meanings Leiden: Brill, 2001, p. 196.

12 Ibid., p. 219.

13 James Wines, Green Architecture, Köln: Taschen, 2000, pp. 12–14.

14 Raymond W. Gastil, Beyond the Edge: New York's New Waterfront, New York: Princeton Architectural Press, 2002, p. 27.

15 Raymond W. Gastil, Beyond the Edge: New York's New Waterfront, New York: Princeton Architectural Press, 2002, p. 83.

建筑与项目
湖泊 / 河流 / 海洋

漂浮的房屋 / MOS建筑事务所

完成时间
2007年

地点
休伦湖，Pointe all Baril，安大略省，加拿大

设计团队
Michael Meredith、Hilary Sample（建筑设计师）
Fred Holt、Chad Burke、Forrest Fulton（项目团队）

业主
Doug and Becca Worple

当MOS建筑事务所受委托在加拿大安大略省的休伦湖上设计一座夏季别墅时，他们面临的是一片暴露在反复无常的潮汐条件当中的基地。他们采用了非常实用的解决方案，建造了一座漂浮在水面浮筒之上的房屋。于是这座房屋可以无惧水平面剧烈的变化而随之升起或者下降。浮筒由2.4米长、1米宽的充满空气的圆筒构成，这就提供了一个稳定的结构，在其上建造起一座木头和钢框架的房屋。"天气条件好的时候先把浮筒搭建在湖里"，迈克尔·梅雷迪思（Michael Meredith）解释道，他和合伙人希拉里·桑普尔（Hilary Sample）一起在马萨诸塞州的剑桥大学对MOS事务所进行了指导。"然后我们必须等到冬天水结冰了，浮筒固定在一个位置，再在上面建造建筑。当水融化，结构会漂浮到它最终的位置，然后我们再完成最后的建造工作。"

在这个偏远的岛屿上有一系列结构简单的度假住宅，漂浮房屋是其中之一，这座小岛位于多伦多以北3个半小时路程的地方，只有乘船可以进入。一条人行道将这些房屋连接起来，并形成一条小路，穿过这个自然地形。MOS事务所的这个设计位置十分理想，坐落于U形小岛的中心，穿过水面使小岛两侧形成一种联系，并且受不到由通过的船所引起的水平面变化的影响。

漂浮房屋的上层包括3个卧室、1个卫生间和1个厨房，下面1层包括1个桑拿房、两个起居室和1个停船的地方。房屋通过一座木桥固定在岛上，通过木桥可以进入房屋的二层，这座木桥还把建筑与主要的公共道路连接起来。房屋另一面的甲板形成了一个安全的水上娱乐和休闲空间，并围合起一片自然的区域用于游泳。

房屋的木条构造既考虑到美观因素，又由环境因素所决定。房屋由西部红雪松做成，这是一种常用于水边船坞的材料，可以抵抗严酷的天气条件。条状结构形成了内部空间的框架。在木条稀疏的地方，风可以循环并给建筑自然降温，这里没有其他的通风资源——也没有供暖。而且，木条的形式减少了建筑立面上风的应力，有助于保持结构的稳定。房屋的管道系统非常灵活，并将建筑与供电网络连接起来。二层由从地板到顶棚的玻璃窗围护，周围的自然景观尽收眼底。

通过简洁的形式和简单的材料，MOS事务所尝试在视觉上和物质上对自然环境造成尽可能小的影响，让业主在湖上这座造型优美且功能齐全的夏季别墅中度过那些远离尘嚣的周末。

右页上图： 漂浮房屋建造在休伦湖上的浮筒上

右页下图： 漂浮房屋通过一座木桥与陆地连接，木桥也起着建筑入口的作用，可以进入房屋的二层

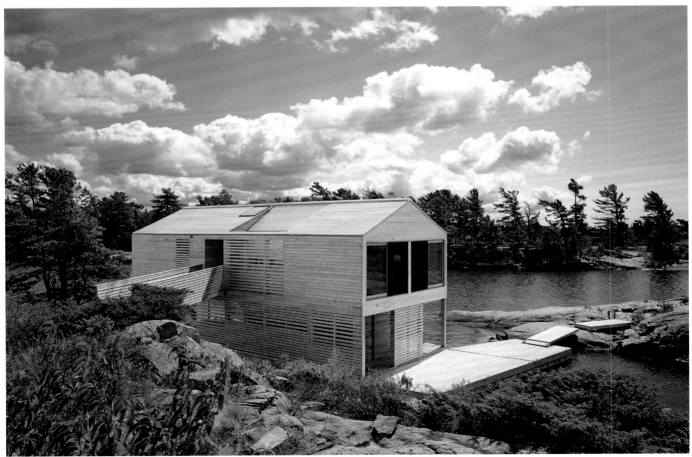

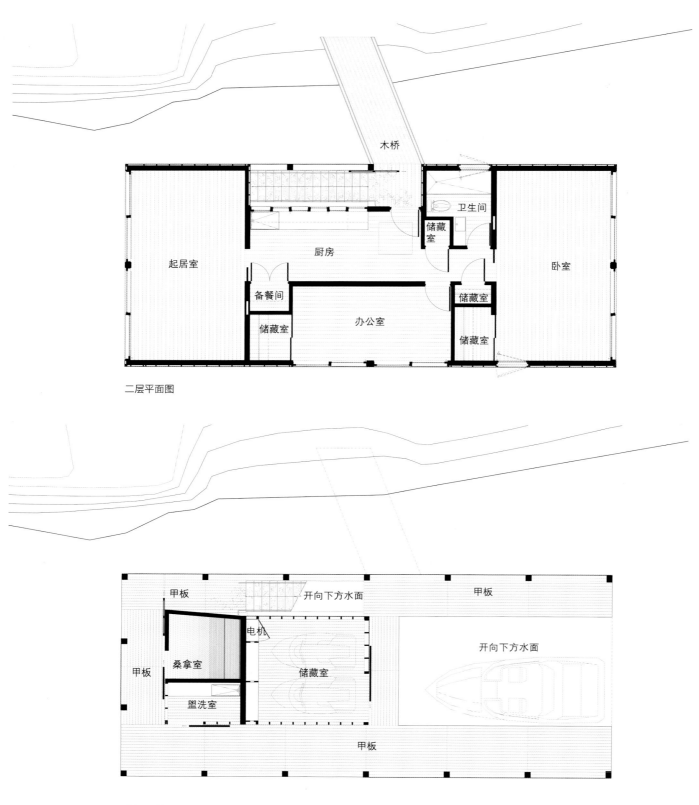

木桥

卫生间

储藏室

起居室

厨房

卧室

备餐间

储藏室

办公室

储藏室

储藏室

二层平面图

甲板

开向下方水面

甲板

电机

桑拿室

储藏室

开向下方水面

甲板

盥洗室

甲板

一层平面图

右页上图：漂浮房屋的夜景

右页下图：漂浮房屋二层的内部可以看到周围乡村景观的全景

惠特尼水净化厂
斯蒂文·霍尔建筑事务所（Steven Holl Architects）

完成时间
2005年

地点
惠特尼湖，纽黑文，康涅狄格州，美国

设计团队
Steven Holl、Chris McVoy（建筑设计师）
Anderson Lee、Urs Vogt（助理）
Arnault Biou、Annette Goderbauer（项目建筑师）
Justin Korhammer、Linda Lee、Rong-hui Lin、Susi Sanchez
（项目团队）

结构工程
西图建筑工程公司(CHZM HILL)；Tighe and Bond工程公司

景观设计
迈克尔·凡·瓦尔肯堡景观设计公司（Michael Van Valkenburgh
Associates）

业主
南康涅狄格州中央区域水资源管理局（South Central Connecticut
Regional Warer Authority）

大多数的工业工厂是不鼓励人们参观的，但斯蒂文·霍尔建筑事务所在南康涅狄格设计的一座水处理工厂同时也是一座使人们享受知识之旅的公园，在那里参观者可以学到水的净化和保护的知识。

由于水是一种重要的自然资源，在工厂的设计中考虑到建筑的自然背景，将建筑和景观融合在一起，这个工厂坐落于惠特尼湖畔，是一个自然保护区，每天为康涅狄格州净化68000立方米的水。

光在斯蒂文·霍尔的设计中通常是一个主导的因素，由于水具有反射的特性，并且有将建筑与景观结合起来的能力，因此水也是他乐于运用的一个元素。能说明这一观点的例子是位于密苏里州堪萨斯城的纳尔逊-阿特金斯艺术博物馆（Nelson-Atkins Museum，2007年），这座建筑饱受争议也广受赞誉，它位于一个大水池的前面，是与艺术家瓦尔特·德·马里亚（Walter De Maria）合作设计的。水池底部的圆形天窗采光盘将水反射的光引入下面的车库。

在惠特尼湖的项目中，建筑师决定将主要的水处理厂房埋在地面以下。项目建筑师克里斯·麦克沃伊（Chris Mc-Voy）解释道："通常，对于像这样的水处理工厂来说，工程师会建造一个大盒子，并努力让它们看起来像一座实用的建筑。我们提出将所有的功能（总数的7/8）放在地下，放在一个新建的公园的下面。"做出这个决定之后，建筑师面临的挑战就是如何使工厂的工作过程被人们看到并能吸引普通大众。解决的方法分两部分，既利用基地中建筑的部分，又要利用基地中景观的部分。

建筑主要的可见部分是一个110米长的挤压成形的不锈钢管子，容纳着工厂的管理机构和公共系统。像一个反转的水滴，建筑发光的表面也具有反射的特性，反映出天空和自然环境，将建筑与土地联系在一起。

将建筑放在地下的决定既是受到美学上的驱动，这样便可以在基地上建起一个5.7公顷的公园，同时也是由实用性和环境因素决定的。将工厂埋入地下使水处理过程在湖平面以下进行，使水的过滤由重力驱动，于是便不需要消耗能量的水泵。建筑的每一个方面都从环境影响和可持续性方面进行过考虑。这包括，在所有可能的地方使用当地的材料，例如现浇混凝土占全部建筑材料的40%，还有贯穿始终使用的软木和再循环玻璃碎片地板砖。工厂有着康涅狄格州最大的绿色屋顶，覆盖了2790平方米，增强隔热性能并控制洪水径

水处理厂的鸟瞰图表明了它与惠特尼湖自然保护区毗邻的关系
（右上角即为惠特尼湖）

流。绿色屋顶上的天窗就像水泡，将光线引入下面的工厂，最大程度地加强了两种环境之间的联系，也为下面的空间提供了自然光线。麦克沃伊总结说："置于下层的加工空间、隔热的绿色屋顶、保温的巨大混凝土贮水池和墙，以及地热资源的加热和降温系统，这些结合起来使工厂的能量消耗降至最少。"

由来自马萨诸塞州剑桥麻省理工学院的景观建筑师迈克尔·凡·瓦尔肯堡（Michael Van Valkenburgh）设计的公园被布置成六个部分，类比着水处理过程的六个阶段。与康涅狄格州环境保护部、美国陆军工程师团和内陆水委员会共同合作开发的一个大规模腐蚀控制和水保护计划正在实施。暴雨径流自然地穿过基地并通过六个不同的景观过滤和提纯，每一个景观的灵感都来自于工厂内部的工作程序：迅速混合、凝聚、空气浮选、臭氧处理、活性炭粒过滤以及一个清洁井。用景观而不是用管子使循环的雨水进入处理厂。

公园是一个自然湿地，也为当地居民和附近的一座儿童博物馆的参观者提供了一个娱乐的场所。公园的设计可以说明水的处理过程，同时也被改建为一个鸟类、昆虫和小动物的自然栖居地。麦克沃伊表示，从一开始设计的概要就很丰富，项目应该"在环境问题方面对公众有教育作用，如保持足够的净水供应、保护近水资源，以及鼓励可持续的湿地管理工作。"除了对基地环境的考虑，工厂的设计也考虑到了附近的米尔河（Mill River）的需要，这条河与惠特尼湖以一个瀑布连接在一起。为了使河水保持水量流动不断，仅取够满足本地区需要的水量，通过一条管子抽出提供给水处理厂，以保持基地的局部生态环境。

惠特尼水处理厂通过在机械和自然的过程之间建立联系的方式，以实例证明了将工业设施与自然环境结合起来的可能性，二者对维持生命都是必不可少的。

水处理厂的入口建筑就像一个挤出的水滴，一种对建筑功能的暗示

右页上图：容纳着管理机构和公共设施的不锈钢管的整体形象

右页下图：基地平面图

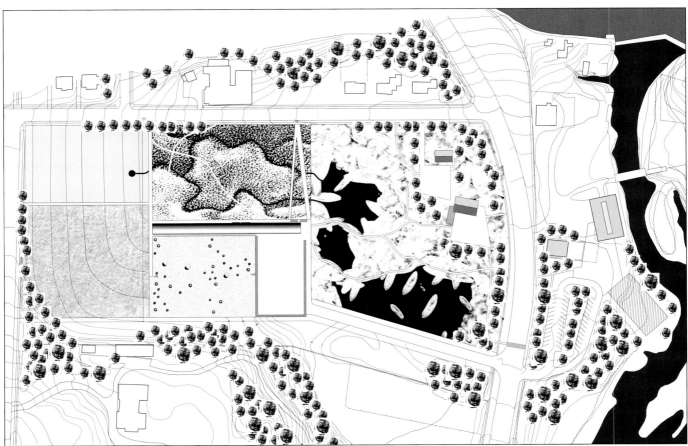

铝森林 / 荷兰阿宾克与德·哈斯建筑事务所

完成时间
2002年

地点
豪滕（Houten），乌特勒支，荷兰

设计团队
Micha de Haas（合伙人）Stephan Verkuijlen、Machiel Bakx（项目团队）

结构工程
TNO-Bouw公司；D3BN Structural Engineers公司

业主
基础铝业中心（Stichting Aluminium Centrum）

荷兰的阿宾克与德·哈斯建筑事务所（Abbink X de Haas Architectures）受一家铝业公司委托设计一个新的总部和展示空间，他们创造出的建筑本身就是一个展示柜。受分形几何学之父伯努瓦·曼德勃罗（Benoit Mandelbrot）理论的启发，要想使一个东西简单你必须先使它更复杂，铝森林，如其得名，是第一座完全用铝承载结构的建筑。368根管柱，直径从9厘米到21厘米不等，支撑着一个矩形的体量，容纳着880平方米的地面面积，部分建于地面上，部分建于水上。设计从荷兰布满洼地的景观中汲取灵感，建筑坐落在支柱上，横跨在豪滕镇一个人工湖上，这个小镇位于乌特勒支附近，航空工业极其发达，使得这座建筑有了可行性，并结合了最先进的能源效率系统。然而，使这座建筑引人注目的是其极简抽象艺术的装饰，这个多面结构的"简洁"之处，掩饰了开发特殊铝框架所需要的大量研究和开发，正是这些铝框架给予了建筑优雅的形式。

阿宾克与德·哈斯建筑事务所创立于2008年，由米夏·德·哈斯建筑事务所（Architectenbureall Micha de Haas）（成立于1997年）和阿宾克·法尔克城市建筑事务所（Abbink Falk urban architecture）（成立于2002年）合并成立，位于阿姆斯特丹，业务集中于建筑和城市设计交叉领域的设计和研究。他们的作品包括遍布荷兰的一系列的居住和混合功能建筑，还有大量水上项目，包括一座漂浮的房屋和为阿姆斯特丹一个豪华的家庭游艇所做的室内设计。

1999年，基础铝业中心找到这家事务所，委托他们开发一个吸引眼球的设计，能够说明他们最尖端的业务和铝的特性：轻质和强度使铝成为一种受欢迎的建筑材料。它还可以百分之百的循环利用。

建筑跨越在水上的形式既是由环境决定的，也是由实际功能决定的。地面上的基地不仅可以容纳更大的一层平面，也允许设计团队用铝的延展性将建筑的边界延伸出去。德·哈斯说明，"铝通常被认为是最合适的立面、窗框材料，设计由铝的这些性能开始，而且证明了它还有胜任结构材料的能力。"定制的侧立面将窗框架、隔热层和立面板结合在一起。夹式框架的结构创造了一个密闭的外壳。当受到损害的时候这些部分可以互换和替换。设计团队仔细考虑了其他的可持续因素，其中包括能源效率。有一个钻到贮水池底面以下的泵提供的地热资源用来给建筑取暖和降温。德·哈斯宣称"这种诗意效果和技术创新的结合给了这座建筑形式上的

坐落在支柱上的铝森林的夜景。设计受荷兰典型的洼地景观启发，在当地一片片的树林都是呈正方形种植排列

铝森林光滑的铝覆面立方体的细部，立方体由不规则布置的铝柱支撑

右页上图： 通过对铝这种以其轻质和强度著称的材料的运用，建筑师能够将铝森林从地面抬升起来，呈现了周围景观的全景景象

右页下图： 铝柱既为建筑提供了结构支撑，又起着排水管的作用，并为上面的建筑提供导线管服务

趣味"。

　　一座电梯和两座铝楼梯（可以在出于安全目的封闭建筑时像吊桥一样升起来）用作建筑的入口。内部的设计最大程度地利用了空间和光线。办公室和展示空间围绕着中央的楼梯井和采光井布置。开放平面的空间使得视线可以畅通无阻地穿过建筑，还可以通过建筑表面上的切口看到外面的景色，这些切口也是另一种自然光线的来源。在空间的边缘形成的天井也促进了建筑内部和外部之间不断的相互影响。

　　建筑的支柱，也就是其得名的原因，是一种不规则的布置，柱杆以不同的角度倾斜，就像大自然中生长着的不规则的树林。支柱有助于稳定建筑的体量，而且使建筑的结构与周围的水景之间有着视觉上的联系。

铝森林光滑的铝覆面立方体的细部，立方体由不规则布置的铝柱支撑

内部楼梯景象

右页图： 中央的一部玻璃电梯是进入建筑上层主要楼层的开放公共空间的入口

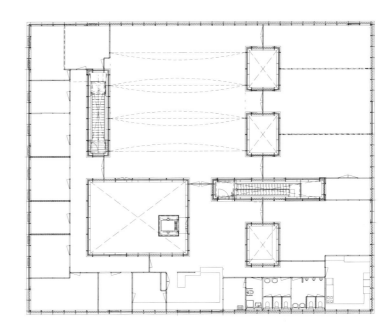

上层建筑平面图

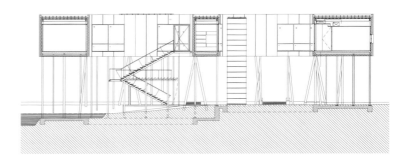

剖面图

公寓 / 事务所

完成时间
2002年

地点
阿姆斯特丹，荷兰

设计团队
Winy Maas, Jacob van Rijs, Nathalie de Vries, Frans de Witte, Eline Strijkers, Duzan Doepel, Bernd Felsinger

结构工程
Cauberg Huygen

业主
Rabo Vastgoed, De Principaal B.V.

十多年来，对于致力于城市滨水带环境复兴的设计者和建筑师来说，荷兰一直是丰富的灵感来源。Borneo Sporenburg是2000年建于阿姆斯特丹北部的东港的一个住宅区，包含17000个居住单元，对于在已废弃的工业废地上再开发的项目来说，这是一个范例。这个项目由景观建筑师事务所West 8带领，尽管也有一些争议，但它探索了共同合作的方法，为建在沿阿姆斯特丹滨水带的两个码头上的模数居住单元增添一些多样性。有12位建筑公司的合伙人被邀请设计了单元，他们包括UN Studio工作室的卡洛琳·博斯（Caroline Bos）和本·凡·伯克尔（Ben van Berkel）、KCAP事务所的基斯·克里斯蒂安塞（Kees Christiaanse），以及Neutelings Riedijk Architects建筑事务所的威廉姆·简·内特林斯（Willem Jan Neutelings），这些单元提供了居住条件的多样性，并鼓励混合居住，因而广受赞誉。

在阿姆斯特丹以前的海港西部开发的Silodam公寓是另一个成为密集城市居住研究课题的居住区。同Borneo Sporenburg住宅区的开发一样，Silodam公寓也是沿着阿姆斯特丹的IJ河为基地。它名字来源于两个历史上的谷仓，更新后变成了住宅，就坐落在该地区，这个地区直到20世纪才承担起一个繁荣的工业港口的功能。在1980年代，当大多数的船舶工业都重新定位于城市的郊区，阿姆斯特丹当局开始重新展望这个地区的未来，这是一个对于利用近水优势重新开发来说有潜力的基地，河景以及它靠近城市中心的位置也是优势。

Silodam公寓由MVRDV事务所的建筑办公室设计，这个项目包含142个业主有产权的单元，15个出租单元和600平方米的商业空间，建在一个300米长的码头上，而且它满足了居住/工作复合体的需要，促进了混合功能。

MVRDV事务所以开创性的住宅项目和沿着世界各地的滨水带适用的工业建筑再利用而著称，设计师解释道，Silodam公寓丰满匀称的设计来自于一种创造多样类别的"小社区"的努力，这将赋予居住区一种独有的特征。这座混合体矗立于混凝土柱上，提供了带中庭的公寓、工作室、工作室公寓、复式住宅和豪华公寓。不同类型的公寓由不同的颜色和材料来区分，从木材到砖都有。在建筑的西侧，一个供所有居民使用的大露台突出在河面上，带有一个小的泊船区。建筑一层的基部是办公空间。在这之下是一个与码头通长的露台，并在前面形成了一个宽阔的堤岸道路。

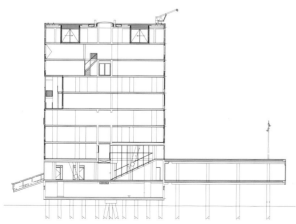

剖面图

Silodam公寓多彩而丰满匀称的盒式排
列使它从阿姆斯特丹滨水带上其他居住
或商业建筑中脱颖而出

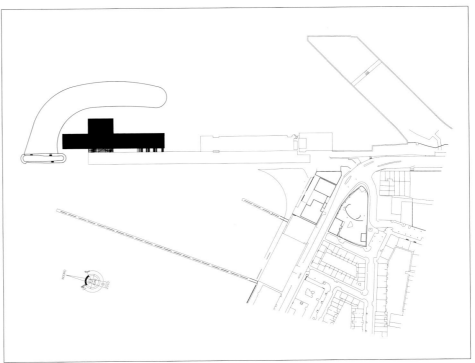

基地平面图

居民和参观者都可以到达这两个露台，在那里他们可以欣赏水上的美景。建筑评论家特蕾西·梅茨（Tracy Metz）称赞MVRDV事务所"将水景提供给了公众和居民。当你靠近去看会很激动，建筑实际是建在水上的，而且你可以把你的船直接泊在公寓下面。"然而，她也指出，"随着时间的流逝，结果却是居民的更替十分频繁"，当沿着IJ河在中央车站和Silodam公寓之间不断出现更多新建住宅时，梅茨所希望的情景会出现的。

抛开怀疑的态度，Silodam公寓作为对于荷兰的住宅短缺以及滨水带利用的一种独特而理性的解决办法而矗立着。它也提供了一系列明智的设计解决方案，例如它的停车系统。一部水力电梯将汽车运送到码头下面的一块空地上，保证了上层人行道上的行人可以自由地活动。建筑多彩而丰满匀称的构图吸引着人们的视线。这个设计尽管是从工业遗产中得出的灵感，却重新诠释了这种熟悉的建筑语言，并因此为21世纪引入了一种新型的居住建筑。

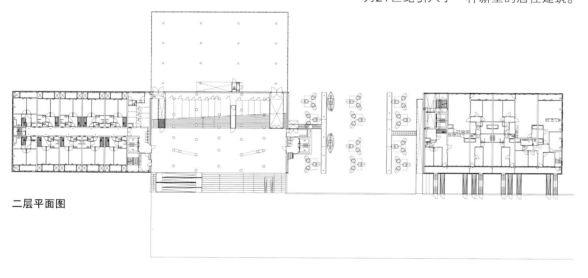

二层平面图

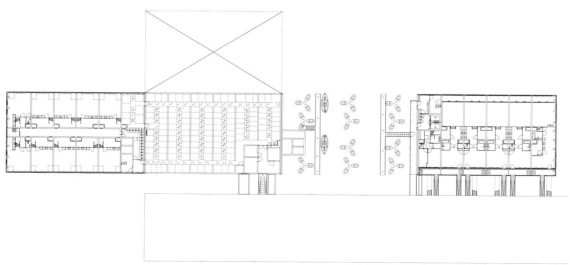

一层平面图

临河立面有巨大的露台伸出到河面上，供居民使用

带有露台的居住/工作空间的细部

混凝土柱支撑着复合体。在建筑的下面有一个小的泊船区

漂浮房屋 / 埃万和罗南·布鲁莱兄弟

完成时间
2006年

地点
巴黎，法国

设计团队
Denis Daversin（项目建筑师）
Jean-Marie Finot（造船工程师）

业主
国家印刷艺术中心，公共委托

埃万和罗南·布鲁莱兄弟（Erwan and Ronan Bouroullec）以他们实用而又富有诗意的家具和产品设计而著称。但是，最近他们将作品扩展到了建筑。从2000年开始，他们的作品"Lit Clos"就是这个新方向的一个暗示。这个作品是一种双层床和树屋的混合体，白色和绿色的金属睡眠平台用支柱悬挂在地面上。这个紧凑小巧的结构提供了独立的睡眠空间和起居隔间，由意大利的制造商Capellini公司生产。追溯至1998年，罗南·布鲁莱就曾设计过模数厨房（Modular Kitchen），一种可定制的备餐空间，后来又设计了"Joyn Office"，一种模数化的工作空间，由Vitra家具公司于2002年制造。

布鲁莱兄弟希望进一步探索人类与空间的关系，于是他们设计了这样一个船屋，一个与建筑设计最为接近的项目。漂浮房屋（Maison Flottante）是由国家印刷艺术中心（Centre National d'Edition d'Art Imprimé，CNEAI）委托的，用作受邀来中心参加工作项目的艺术家和作者的住所。这个船屋结构拴在印象派岛（Île des Impressionnistes）上，印象派岛是巴黎西边塞纳河上的一个小岛。CNEAI的主管西尔维·布朗热（Sylvie Boulanger）解释道，他们想要"一个建筑物体，而不是一个固定在地上的永久的建筑。船是一种不太永久的结构，而且船的开放性更易于艺术家们的表现。"而选择船屋也是城市规划规范的需要，规范不允许岛上存在建筑。110平方米的漂浮工作室为艺术家们提供了一个独立的工作空间，但又能从附近的艺术中心获得所需的供给。船屋由铝框架做成，表面是木格栅，可以随着时间的推移覆盖上绿植，形成一个附加的私密保护层。这个构造也可以使工作室与周围的自然环境融合在一起。布鲁莱兄弟获得这个项目的委托是由于他们"设计简单而优雅并且实用的东西的能力"，他们与著名的造船工程师让-马里·菲诺（Jean-Marie Finot）合作完成了这个项目，布朗热解释并加以说明，"极简的设计其实掩藏了这个项目在滨水带背景中的复杂性。"船屋流线型的结构中容纳着两间卧室和一个宽敞的工作室空间。两端有大门开向外面的露台，并使房屋有了自然的通风。艺术中心委托的许多艺术家的工作是用混合媒体完成的，而且很少是由一个艺术家完成的，而是由作家、编辑、软件工程师等共同合作完成的。布朗热解释说，因此，复合的空间和开放的结构"对于这样的集体工作是非常理想的"。

漂浮房屋，一个巴黎塞纳河上的艺术家住所

漂浮房屋的夜景，一个用木头和钢梯板拴在陆地上的漂浮住宅

漂浮房屋简洁、开放的室内设计，使内部和外部有了最大程度的联系

漂浮房屋的夜景。不同的窗户表示出不同的生活或工作空间，这些空间被两个开放的露台像书夹一样夹在中间

右页图： 从漂浮住宅内部看到的塞纳河上的景象

交通控制中心 / De Zwarte Hond建筑事务所

完成时间
2002年

地点
奈梅亨（Nijmegen），荷兰

设计团队
维姆·费特（Wim Feith）（项目建筑师）
尤里让·凡·德·梅尔（Jurjen van der Meer）和谢德·耶勒玛
（Tjeerd Jellema）（项目团队）

业主
市政工程部与水管理局（Ministry of Public Works & Water Management Building Agency）

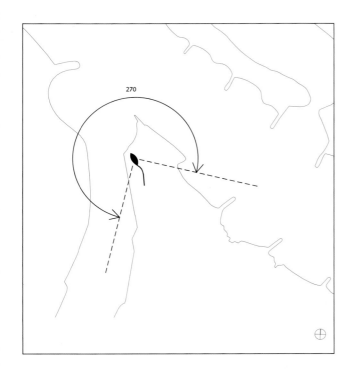

荷兰的建筑团队De Zwarte Hond建筑事务所向人们证明，位于滨水带上的交通控制中心不再仅仅是枯燥乏味的建筑结构，完全不吸引人的注意，而是可以成为雕塑般的地标。他们为荷兰市政工程部和水管理局设计的交通控制中心于2002年建于荷兰东部的奈梅亨附近，这个控制中心坐落在瓦尔河（river Waal）和马斯德瓦尔运河（Maas-Waal canal）的交汇处，此处是这个国家最繁忙的船运干线之一。设计团队的任务是设计一个可以提供水面上尽可能最广阔的视角的瞭望塔兼管理处，工作室构想出一个弯曲状的三层体量，突出于水面之上。

De Zwarte Hond建筑事务所是一个多学科的设计工作室，成立于1985年。由尤里让·凡·德·梅尔、耶罗恩·德·维利根（Jeroen de Willigen）、威廉·海因·申克（Willem Hein Schenk）和埃里克·凡·科伊伦（Eric van Keulen）领导，这个公司在建筑项目领域内的多样化团队工作包括从商业和居住建筑，到公共机构建筑，以及景观和城市设计。他们最近的项目包括为格罗宁根大学所设计的一座行政楼和位于荷兰弗里斯兰（Friesland）滨水带的一座高层住宅塔楼。

他们工作的关键是非常重视探索基地特有的设计方案，关注一个项目内在的社会和文化元素。这也是这个控制塔的委托设计背后的主导因素。从一个混凝土核开始建造，用钢做框架，以桁架格子作支撑，弯曲的结构表面覆盖着钛金属板。在结构中部有一个宽阔的狭缝，像一个张开的嘴巴，提供了看向水面的畅通无阻的视线。狭窄的窗户组成一种随机的图案，在贯穿全部三层的表面上形成了麻子一样的凹坑。

从建筑背面由地面通过一个外部楼梯可以进入，还有一条坡道斜架在海滩上方，可在涨潮时使工作人员安全地进入建筑。坡道是由木头和耐候抗腐钢制成，在中途分开形成两个入口：一个进入第二层的控制室，另一个进入下一层。建筑体上发光的钛板与坡道粗糙的表面形成对比。De Zwarte Hond建筑事务所表示设计"可以很容易被错误理解为航海工业的一个简单的象征"。但是，他们将设计看作"一个纯理性方法的逻辑阐释"。

基地平面图

右页上图： 从水面上看交通控制中心，展示出它像嘴巴一样的瞭望窗

右页下图： 跨在陆地上的坡道的景象，提供了进入交通控制中心的入口

97

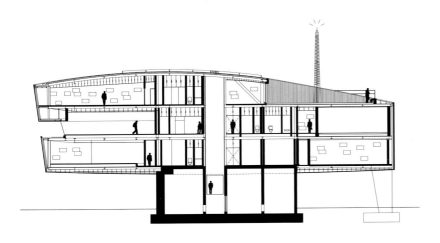

剖面图

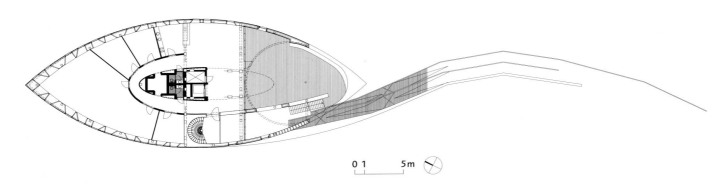

0 1   5m

二层平面图

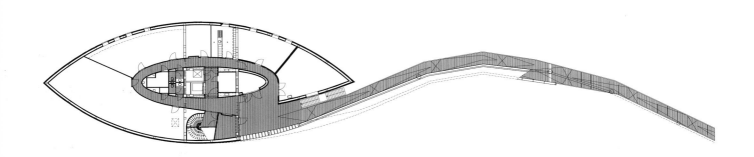

一层平面图

从一艘经过的船上看到的交通控制中心的景象

控制中心内景

会议室景象

99

穆尔河上的小岛 / 阿克奇建筑设计事务所（Studio Acconci）

完成时间
2003年

地点
格拉茨，奥地利

设计团队
Vito Acconci, Dario Nunez, Stephen Roe, Peter Dorsey, Thomas Siegl, Gia Wolff, Nana Wulffin, Laura Charlton, Sergio Prego

结构工程
Zenkner & Handel；Kurt Kratzer

业主
格拉茨2003，欧洲文化之都

听到维托·阿克奇（Vito Acconci）描述他的设计过程常常让人回想起魔术师表演中的诡异景象或柔术演员将他的身体以一种不可理解的方式弯曲和收缩。例如穆尔河上的小岛的设计，这是一个文化场所，有剧院、咖啡厅和游乐场，阿克奇解释道，设计团队是从观察传统剧院的形式开始得到灵感的：一个碗。"我们认识到如果我们扭转这个碗，如果我们把碗倒置，我们就有了一个穹顶：这将会是咖啡厅和咖啡厅的屋顶。而反过来，从碗到穹顶弯曲的空间，将成为游乐场。"换言之，"一个空间扭曲、翻转并卷曲，形成另一个空间。"

维托·阿克奇的阿克奇建筑设计事务所位于布鲁克林，他最为人们熟知的是作为一位艺术家，其诗作、表演和视频从1960至1970年代持续在国际上展出。在1980年代早期，阿克奇对探索吸引参观者参与和重新考虑传统建筑类型的市政工程产生了兴趣。1992年，他与建筑师斯蒂文·霍尔（Steven Holl）合作为纽约的临街屋艺术与建筑事务所（Storefront for Art and Architecture）设计了一个新的模度幕墙，并兼作休息和展示空间。1998年，他设计了"飞行的售票厅"（Flying Floors for Ticketing Pavilion）——费城国际机场B/C航站楼中一系列雕塑般的休息区。他更近的设计包括东京一个时尚设计师品牌United Bamboo的商店和孟菲斯的佳能表演艺术中心（Canon Performing Arts Center）雕塑般的入口厅。

穆尔河上的小岛，由"格拉茨2003，欧洲文化之都"委托，漂浮在奥地利格拉茨城市中心的穆尔河上。由320吨的钢和玻璃的格架制成，气泡形式的小岛象征着一个贝壳，它的结构需要不妨碍河水的流动，并经得起可能的洪水，这就决定了它的形式。"河流是有潮汐的，因此我们的小岛必须能够随着潮汐升降。我们必须考虑50年一遇的洪水、100年一遇的洪水。我们的小岛必须能骑在潮水上，随着潮水冲浪，"阿克奇对设计隐喻式的出发点是这样解释的。除了设计形式上的组成部分，空间之间的循环流动也是由水的背景启发的。"既然我们要设计一个水上的空间，"阿克奇表示，"我们希望空间像水一样流动：我们不想把水排除在我们的思想之外，我们希望像水一样思考……"

除了是一个表演场所，设计还形成了一个跨越水面的桥。坡道向下导向室外圆形露天剧场的中心，它也是一个欣赏城市风景的平台。这个蚕茧形状的表演场所最初是设计为一个临时建筑，有一年的期限，但是它建成之后太受欢迎了，于是成了穆尔河上一个永久的特色。

左页图：穆尔河上的小岛鸟瞰图，通过导向河两岸的桥与城市的肌理连接在一起

穆尔河上的小岛表演空间夜晚的景象

小岛包含一个现代露天圆形剧场

咖啡厅内景

易北河音乐厅 / 赫尔佐格与德梅隆

完成时间
2011年

地点
汉堡，德国

设计团队
Jacques Herzog、Pierre de Meuron
Ascan Mergenthaler、David Koch（合伙人）
Jürgen Johner、Nicholas Lyons、Stephan Wedrich（项目建筑师）

结构工程
霍勒尔与合伙人建筑工程公司(Hohler+Partner Architekten und Inge-nieure)

业主
汉堡自由汉萨市，由ReGe Hamburg Projekt-Realisierungsgesell-schaft公司代表

汉堡是德国第二大城市，是这个国家北部的商业和文化中心，其港口也是仅次于鹿特丹的欧洲第二大港。同许多城市一样，长久以来汉堡的滨水带也被人们所忽视，仅仅被当作是适合用于繁忙贸易的工业废地。但是，在过去十年中，这个未得到充分利用的地区经历了迅速的改造过程。比如众所周知的哈芬新城，这个呈不规则状蔓延的开发区位于历史性的仓储城（Speicherstadt）地区和易北河（river Elbe）之间，面积155公顷，预计于2020年完工，正在建设成为一个文化和商业中心，可以将汉堡市中心面积增加40%，其中办公、零售、居住和文化建筑混合在一起。

除了由荷兰的大都会建筑事务所（Dutchpartner-ship Office for Metropolitan Architecture）设计的一座新的科学中心，由瑞士建筑师赫尔佐格与德梅隆设计的一座汉堡NDR交响乐团的新场馆，被规划为这个城市改造项目的文化中心。

这个开发项目必然要对砖砌的Kaispeicher A仓库进行更新，这座仓库是沃纳·卡尔摩根（Werner Kallmorgen）于1963年至1966年建造的。建筑师在仓库上面加了一个梯形的王冠，水晶般的结构在夜晚闪闪发光，唤起了人们对贝希摩斯结构（behemoth structure）的关注。这个设计团队来自瑞士的巴塞尔，由雅克·赫尔佐格（Jacques Herzog）和皮埃尔·德·梅隆（Pierrede Mearon）领导，他们采用了与泰特美术馆设计中类似的策略，泰特美术馆就是一个适用的改造项目，如今已经成为当代伦敦一个非常受人喜爱的象征。赫尔佐格与德梅隆原封不动地留下了大部分原来的电厂建筑，这个提议实际上帮助他们赢得了那个项目的委托。易北河音乐厅的设计采用了类似的方法，以一种戏剧化的新的设计将原来的和新建的建筑融合在一起，完美地坐落在沙门港上，即港口伸入河流的端点处。这座音乐厅是一处公私合营的产业，还包括一个豪华酒店、公寓住宅、会议中心、一个医疗中心、Klingendes博物馆（一个专为儿童的音乐博物馆）、餐厅、酒吧、一个夜总会以及停车场。

新设计最具戏剧性和可见性的部分是将新的公共广场建造在老仓库的顶上，并作为新的综合建筑各个不同部分的入口。这个广场被设想为一个空中的观景平台和聚会空间，由悬挂在上方的巨型玻璃结构遮盖着，不受日晒雨淋。晚上，这个玻璃大楼灯火通明，就像聚集着无数灯塔的山峰，令人回忆起这个工业区繁华的过往，但又传递出对未来的热望。

这个引人注目的大厦顶冠如同波浪的形式以及它半透明的乳白色光泽显然是参照了周围的水景。而对玻璃的运用，并在许多点上切开一些开口，形成了一种与稳固的砖基座的对比，并使建筑向周围的美景敞开，使景色在结构中流动起来，利用了历史性的水道与城市框架结合处这个绝佳的位置，并反映出建筑的新功能——作为整个城市的公共空间。

易北河音乐厅的表现图包括原来的工业仓库更新，加了一个新的水晶结构的王冠，将容纳一个音乐厅和附加的商业设施以及公共空间

从易北河上看易北河音乐厅的景象

左页上图：建造中的易北河音乐厅

左页下图：最初的Kaispeicher A仓库，建于1963年至1966年，在改造成
易北河音乐厅之前的景象

新建筑水晶般的结构中流动的内部空间效果图

科学中心 / 大都会建筑事务所（OMA）

完成时间
2008年（设计）

地点
汉堡，德国

设计团队
Rem Koolhaas、Ellen van Loon（合伙人），Marc Paulin（项目建筑师），Mark Balzar、David Brown、Alexander Giarlis、Anne Menke、Sangwook Park、Joao Ruivo、Richard Sharam、Anatoly Travin（项目团队）

结构工程
Binnewies公司

业主
G&P，ING银行

在《癫狂的纽约：一部曼哈顿的回溯性宣言》（*Delirious New York:A Retroactive Manifesto for Manhattan*）中，雷姆·库哈斯（Rem Koolhaas）写出了水对于城市生活的重要性，那是他1978年发表的有创造性的文集，其中描写道"那些拥抱着曼哈顿岛的巨大的海洋的臂膀，赋予了它所在的位置，关乎健康和愉悦，也关乎便利和商业，尤其是关乎适宜。"他的话在三十年后依然恰当，无疑也适用于为数众多的世界各地其他城市，这些城市就包括汉堡，库哈斯的大都会建筑事务所最近正在为这个城市的港口设计一座新的旗舰式的建筑，这个港口是一处已经被抛弃的工业遗产，并正在重生为一个新的娱乐和文化中心。汉堡科学中心被展望为一个引人注目的从水上进入城市的入口，坐落于从市内的阿尔斯特湖（Alster）到易北河的一条中轴线尽端。

在汉堡，许多天才设计师受到委托为155公顷的哈芬新城港区开发出谋献策，大都会建筑事务所也是其中之一。这座新建筑宏伟的尺度和炫目的方案非常符合宽阔的港口地区一览无余的特性。这座科学中心具有奇特的形式，它的顶部高72米，是通过10个形状不规则的盒子像儿童的乐高积木那样偏移轴线堆叠在一起来实现的。数字10对应着这座文化场所计划中不同的部分，这些部分共有275000平方米，其中包括一个科学中心、一个科学剧院和一个建于地面层以下的水族馆。项目建筑师马克·保林（Marc Paulin）解释道"这个形式是循环程序的产物，"指的是他们的建筑设计策略，这个策略使他们能够确定建筑的形式，建筑的布置是根据计划的功能，以及一种对贯穿建筑的清晰而有聚合力的循环系统的渴望。保林确认，"我们希望设计一座能够联系起马格德堡港口（Magdeburger Harbour）两侧的建筑，而不是设计一座建筑压在水上，阻挡住视觉上和物质上与水的亲近。"建筑的中央开了一个40米宽的洞口，这样人们的视线就可以从水上一侧或城市一侧透过建筑，看到另一边。而且，建筑中有从开口引出的人行道在许多位置接近外面的水边，起着桥梁的作用。盒子堆叠成的模度化的形式是受到船上的集装箱启发，在设计过程中很早就确定了，这是一种灵活的系统，能够根据需要定做。主导的概念中交织着先进的科学研究与陈列性的展示。建筑有着连续的环形的形式，目的是避免像许多传统的摩天大楼那样平庸，保林特别指出那些摩天楼"仅仅能容纳例行公事的活动，按照墨守成规的方式布置。在形式上对垂直性的表达实际上阻碍了想象力：是谓垂直性高耸，创造性坍塌。"

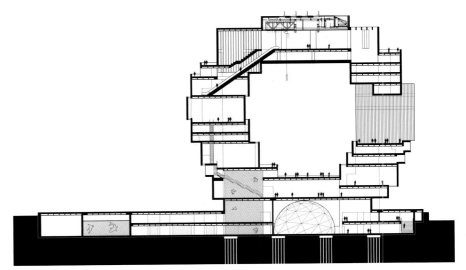

左页图：新的汉堡科学中心的设计将用一系列盒子一个个堆叠成圆形

建筑奇特的结构，旁边是一艘多层游轮

城市及其滨水带背景中的汉堡科学中心

剖面图

帕罗迪桥综合体 / UN Studio

完成时间
2009年（设计）

地点
热那亚，意大利

设计团队
Ben van Berkel, Caroline Bos with Astrid Piber, Nuno Almeida and Cristina Bolis, Paolo Bassetto, Alice Gramigna, Michaela Tomaselli, Peter Trummer, Tobias Wallisser, Olga Vazquez-Ruano, Ergian Alberg, Stephan Miller, George Young, Jorge Pereira, Mónica Pacheco, Tanja Koch, Ton van den Berg

结构工程
奥雅纳公司（Arup），伦敦

业主
老港（Porto Antico），Altarea公司

UN Studio成立于鹿特丹，由本·凡·伯克尔（Ben van Berkel）和卡洛琳·博斯（Caroline Bos）领导，1996年，他们以一个重要的滨水带项目名声鹊起，那就是鹿特丹的伊拉斯穆斯大桥（Erasmus Bridge）的设计。因为它以优雅的形象端跨在马斯河上，所以当地人将这座桥昵称为"天鹅"。这座斜缆桥以790米的跨度将鹿特丹的南北两个半区连接起来。

帕罗迪桥综合体（Pono Parodi）是一个三维的空间规划，位于意大利热那亚一个新的滨水带项目的中心，这个项目要将一个19世纪的码头改造为一个轮渡和游轮站，并带有娱乐和休闲设施，这个规划将会激发一种交通运输中心所不能产生的热闹而充满生气的环境。帕罗迪桥综合体多层的设计是受到威尼斯圣马可广场的启发，圣马可广场长久以来一直是一个对当地人和参观者来说都非常有吸引力的地方，人们被它的咖啡馆吸引，也被它的历史和文化吸引。对于现在这个水上的广场来说，UN Studio要负责创造一个聚会的地点，要令人们享受到类似于圣马可广场上那种场所的质感，能进行各种各样的活动，一天24小时都把人们从城市中心吸引到水边。"广场的效用是把人们汇聚起来，"设计师宣称。"我们需要围绕着人和人们的行为来规划，来创造一个有活力的场所。"

从水面上看过去，码头就像一座人工的山丘，与其背后浮现出的热那亚城起伏的轮廓线非常协调。多层阶梯式的设计是由互相穿插在一起的空间网络形成的，这使得空间连续、视线通畅。这个设计很好地诠释了UN Studio所说的"万花筒式"的建筑体验，这种方法来自于对复杂的几何形式的探索趋势，在这种形式中，地面、墙和顶棚被巧妙地处理成连续的空间体验，结合各种各样的规划特征，创造出无缝流动的环境。

他们首先在80000平方米的基地上设计了一个立方体，然后将它切分和变形以容纳各种不同的功能。先挤压立方体形成一种造型，然后在表面上切出菱形的切口，组织成垂直的循环，这样视线可以穿过空间看到码头的景象，再往下还能看到西侧游轮码头的停泊处。菱形的切口还起着使自然光透入下面几层的竖井的作用。综合体的顶上有供休闲用的多层公共游乐场。这个雕塑般的综合体上遍布着瞭望点，这些瞭望点连接着露台，露台倾斜到下面的楼层，那里布置着文化空间，还有办公和体育设施。基地的规划还考虑到了时间的因素，人们一天中在不同的时间和不同的滨水背景下做不同的事情，根据这个因素将不同的活动区域成组集中在一起。设计师说，咖啡厅、小卖部和餐饮设施是根据太阳升起

和落下的位置布置的。因此，"人们可以在早晨的阳光中喝着咖啡，欣赏着大海的景色；中午在荫凉中购物，而夜晚是用来欣赏日落的。" UN Studio的设计方法体现了基地独一无二的特性，造就了无限连续的表面和空间，促进了公共活动场所的多样化。

左页图：在热那亚海港背景中的帕罗迪桥综合体基地平面图

交通分析图表明了新娱乐和商业场所与城市和海港之间的连接点和通道

剖面图

一层平面图显示了多层阶梯式的景观露台，明确了帕罗迪桥综合体顶部的平面用作公共休闲空间的界限

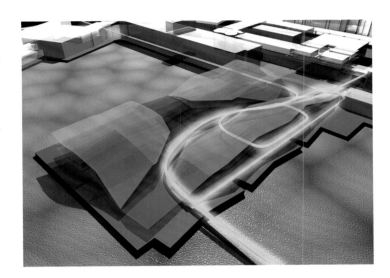

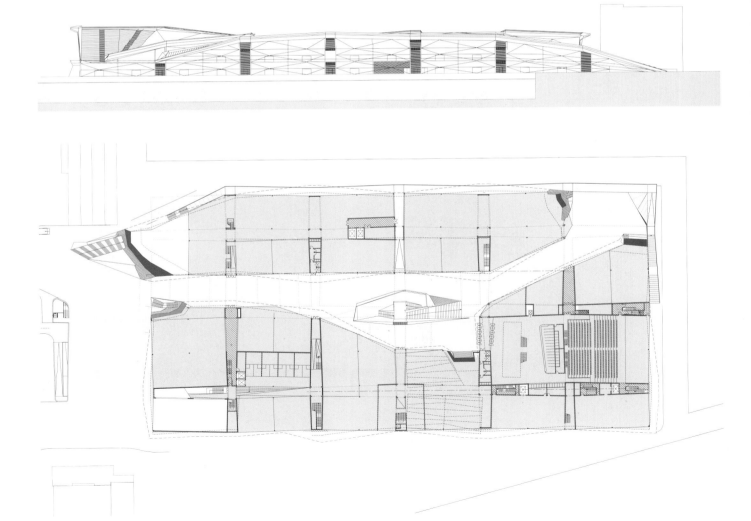

海港浴场 / BIG建筑事务所与JDS建筑事务所

完成时间
2003年

地点
哥本哈根，丹麦

设计团队
Bjarke Ingels（项目建筑师）、Julien de Smedt（合作者）、Finn Nørkjaer（项目负责人）、Jakob Møller（项目建筑师）、Christian Finder up、Henning Stüben、Ingrid Serritslev、Marc Jay（出资人）、CC Design公司（木平台顾问）

业主
哥本哈根市政府

2006年，莱斯特大学心理学院的分析社会心理学家阿德里安·怀特（Adrian White）分析了由一系列权威发布的数据，这些权威包括联合国教科文组织和《新经济报》，然后得出了全球主观幸福感的估计，结果是：丹麦是世界上最幸福的地方，这是基于丹麦高水平的健康状况、福利和教育的综合指标。还有一个可能的原因是这个国家在公共空间上所做的巨大的投资，这促进了社会交流、休闲和娱乐，从而提高了人民的生活质量。"海港浴场"是哥本哈根城市中心的一个洗浴和娱乐空间，就是这种公共空间之一。哥本哈根市组织了一场国内竞赛，结果，这个永久性的水边娱乐场所由BIG事务所的比亚克·英厄尔斯（Bjarke Ingels）和JDS事务所的朱莉安·德·斯梅德（Julien de Smedt）设计，他们是现已解散的PLOT事务所的前负责人。

自1980年代以来，哥本哈根市政府就发起了一个主动的倡议，将原先的工业海港转化为洁净的、环境优美的综合用途地区。限制内港的商业船运交通，将工厂重新布置使之远离水边，并减少通过雨水径流排入海港的废水量，再将海港恢复到公共用途方面，这一系列举措已经在很大范围内获得了积极的结果。同时，开发者和规划者还合作使附近的布里格岛（Brygge Islands）恢复了生气，使它像海港浴场一样有了新的居住和娱乐功能。海港浴场位于古老的船运码头沿岸，从很多方面来看都是所有的开发项目中最精彩的一笔，使哥本哈根人有机会在新鲜洁净的海水中洗浴，同时也是新的海港公园最有活力的一部分。

这个人工制造的平台每天能容纳600人，有游泳池以及用于日光浴和聚会的地面区。设计实质上是一个从陆地伸出去的精致的木头甲板。它包含3个游泳池，从救生站的中心呈放射线辐射出去，救生站的位置是甲板上的最高点，使救生员可以有从各个角度穿过浴场的无遮挡的视线。一个浅池渐渐倾斜至0.6米深，主要给儿童和老年人使用，形成了一种像海岸线一样的环境，用于玩耍和放松。第二个池1.2米深，供大一些的孩子以及球类游戏使用。第三个也是最大的游泳池86米长，8米宽，用作一个小型健身游泳池。整个浴场由一个坡道与外部连接，然后不同能力的人们可以选择不同的游泳池。对设计者来说，这个方案"就像在水中加上一片陆地"那样简单。迄今为止，海港浴场在夏季几个月一直游人如织。它的成功既要归于吸引人的设计，也要归于富有远见的城市规划，哥本哈根的城市规划对最大程度上有利于大众的更新项目给予了高度的优先权。

右页上图：木头甲板构成了丹麦哥本哈根海港浴场的框架

右页下图：在城市背景中的海港浴场鸟瞰图

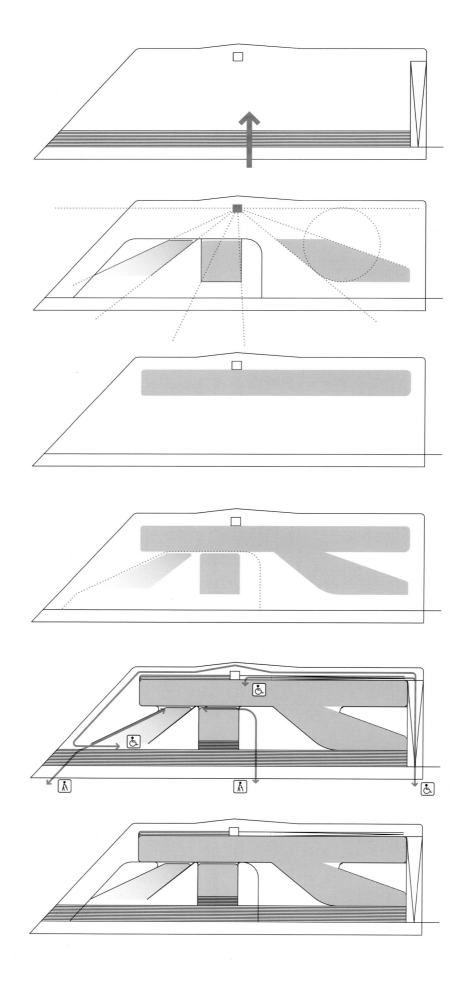

跳水平台（左侧）和瞭望塔（右侧）的近景

使用中的海港浴场

凯斯楚普海洋度假村 / 怀特建筑事务所

完成时间
2005年

地点
凯斯楚普（Kastrup），丹麦

设计团队
Fredrik Pettersson（项目建筑师）、Rasmus Skaarup、Pernille Vermund、Göran Wihl、Henrik Haremst、Johnny Gere（项目团队）

结构工程
NIRAS工程咨询公司

业主
塔恩公司

凯斯楚普海洋度假村与附近海滨地区关系的细节景象

右页图： 从海滩上看凯斯楚普海洋度假村的景象，看得出木板路连绵的形式

"我的想法是实现一个雕塑般的动态的形式，可以从陆地上看到，可以从海上看到，还能从空中看到。它的轮廓随着观众绕着它移动而发生变化，"弗雷德里克·彼得森（Fredrik Pettersson）描述凯斯楚普海洋度假村那连绵的外形时如是说，这个度假村位于哥本哈根附近，2005年建成。这个现代化的开放的游泳池位于一个休闲码头和海水浴场之间的交叉处，用木头防护层围护起一片游泳区。位置在阿玛格尔岛（Amager）以外的海面，阿玛格尔岛卧于丹麦厄勒海峡（øresund）中，岛的一部分属于首都哥本哈根管辖，凯斯楚普海洋度假村位于岛东边的一个海滩地区。从1930年代开始，阿玛格尔海滩公园就一直失修荒废。凯斯楚普海洋度假村被设定为这个地区大规模再开发的核心项目，开发于2004年5月，2005年8月完成。

怀特建筑事务所（White Architects）有11位来自北欧的成员，他们为人熟知的作品从建筑和城市规划到景观和室内设计都有。他们通过对材料的研究以及在建造和建筑管理过程中运用新技术，致力于根据环境和生态可持续性问题来确定方案。最近的作品包括索尔纳的新卡罗林斯卡医学院（New Karolinska），位于瑞典斯德哥尔摩的一座大学医院建筑，以及为瑞典环境保护署设计的一系列自然中心。

这个750平方米的木制海洋度假村由建筑师弗雷德里克·彼得森领导设计，为休闲活动创造了一个遮风挡雨的伸出海面上的平台。平台由红铁木制成，选择这种木材是由于它的耐久性，弯曲的结构用支柱抬升在水面之上。承重结构在木制平台下面可以看得见，像在传统码头看到的一样。浴场码头有机的形式如同海滩的延伸，终点是一个5米高的跳水平台。带有更衣室和日光浴区，环形的浴场区也装备着阶梯状的平台和用木板做成的海滩，为个人和大众提供了休闲或集会的空间。在冬天，码头仍然是可以进入的，并成为一个海面上的观景平台。幽暗的结构内部照明采用的是LED聚光灯和泛光灯。临近海水浴场的海滩上有一个简洁的90平方米的建筑为来海滩游玩的人提供服务。

在多年的废弃之后，凯斯楚普的海滨地区现在变成一个广受各年龄段的人们欢迎的休闲圣地，人们被彼得森的设计迷住了，对他来说，这个设计"就像一个令人印象深刻的海怪"从海里升起来，不过是一个很友好的海怪！

左页上图：凯斯楚普海洋度假村入口斜坡道的景象

左页下图：凯斯楚普海洋度假村木板覆盖的阶梯的近景，有各种不同的表面供洗浴者使用

使用中的凯斯楚普海洋度假村

东岸咖啡馆 / 赫斯维克工作室（Heatherwick Studio）

完成时间
2007年

地点
利特尔汉普顿，西萨塞克斯郡，英国

设计团队
Tohomas Heatherwick（设计）
Peter Ayres（项目建筑师）
Fred Manson（项目助理）

结构工程
Adams Kara Taylor

业主
工业废地管理处(Brownfield Catering)

英国设计师托马斯·赫斯维克（Thomas Heatherwick）以其威风凛凛的雕塑般的设计而为人所知。他的工作室致力于超越材料与生产过程之间的界限，以创造强有力的有创造性的形象。赫斯维克于1994年从曼彻斯特理工学院和伦敦的皇家艺术学院毕业，拿到三维设计学位后成立了工作室，现在他的工作室已有50多人。他的兴趣在于艺术、科学、工程和设计的汇合，他的代表作就是很好的证明，其中包括一座滚桥，可以用一个水压阀优雅地卷曲起来，成为一个完全圆形的雕塑，还有曼彻斯特一个公共空间的城市更新，因为其蓝色的玻璃砖而被人称为"蓝色地毯"。最近他被选中设计2010年上海世博会的英国馆，这个设计有一个可以根据程序投射影像、颜色和信息的互动的表皮。

但是，他迄今为止第一个真正意义的建筑作品开放于2007年——位于英格兰东南海岸的利特尔汉普顿的东岸咖啡馆，尽管是一个比较小规模的项目，东岸咖啡馆显然是一个对于当地人和参观者来说都很受欢迎的目的地，他们不仅被颇受好评的菜单吸引，而且也被建筑曲线的设计吸引，曲线与大海的波浪极为相似。咖啡馆的所有者简·伍德（Jane Wood）和她的女儿苏菲（Sophie）在2005年为设计获得了规划许可，于是这个设计取代了基地上原来默默无闻的利特尔汉普顿亭。

咖啡馆的基地位于大海和其后的一排住宅之间，这种狭窄的基地条件决定了设计的出发点。设计没有采用沿着英格兰海岸的许多海边咖啡馆标志性特征的典型的带有条纹遮阳的白涂料板材结构，赫斯维克解释道，"我们要创造一个瘦长的建筑，但又不是平板的两面幕墙，这是工作室的挑战。"

赫斯维克通过将建筑的表面做成耐候钢的条带来完成了这个设计，建筑表面在日晒雨淋后呈现出一种生锈般的铜色，就像甲壳类动物坚硬的外壳，钢条构筑出并围护着内部像岩洞一样的空间。餐饮区可以容纳80个人，有侍者提供服务，室外露台还可以多容纳60人就餐，通过外卖菜单点餐。前面一面玻璃幕墙提供了畅通无阻的海景视线。隐藏在建筑几何体中的百叶窗在晚上可以卷下来封住建筑。东岸咖啡馆富有创造性地重新思考了英格兰海岸沿线常见的小餐馆的传统类型，并将其品质从一个餐吧提升为海边餐厅。

左页图：东岸咖啡馆位于英国利特尔汉普顿的海滩上

咖啡馆甲壳动物般的外壳近景，这是从海岸背景得来的灵感

咖啡馆内景

建筑雕塑般形式背面的景象

表演艺术中心 / 扎哈·哈迪德建筑事务所

完成时间
2008年（设计）

地点
阿布扎比，阿联酋

设计团队
Zaha Hadid and Patrikc Schumacher（设计）、Nils-Peter Fischer（项目主管）、Britta Knobel、Daniel Widrig（项目建筑师）、Jeandonne Schiijlen、Melike Altisnik、Arnoldo Rabago、Zhi Wang、Rojia Forouhar、Jaime Serra Chamoun、Philipp Vogt、Rafael Portillo（项目团队）

结构工程
AMPC Anne Minors Performance Consultants（剧院）、伦敦声学空间设计/Bob Essert（音响效果）

业主
阿布扎比旅游开发投资公司（TDIC）

扎哈·哈迪德（Zaha Hadid）是一位出生于伊拉克、在伦敦从业的建筑师，她的设计有着雕塑般的形式，其轮廓穿过景观，展示出速度感和飞翔感，从而使她有着很高的国际知名度。运动感和流动感也是她所设计的阿布扎比表演艺术中心的本质特征。这座艺术中心位于穿过萨迪亚特岛（Saadiyat Island）的主轴线尽端，萨迪亚特岛是一个巨大而低洼的自然岛屿，距离阿布扎比岛海岸500米，这座建筑在岛的尽端向着波斯湾延伸出去。

萨迪亚特岛上正在规划一个预算浩大的项目，包括许多标志性的文化建筑，其中，前卫的古根海姆博物馆由弗兰克·盖里设计，卢浮宫分馆由让·努韦尔工作室（Jean Nouvel Studios）设计，海洋博物馆由安藤忠雄设计，还有由福斯特及合伙人事务所（Foster+Partners）设计的谢赫扎伊德自然博物馆。

新表演艺术中心的项目主管尼尔斯-彼得·菲舍尔（Nils-Peter Fischer）这样解释这个设计运动感的形式："我们想设计一座建筑，在位于岛中心的自然博物馆和滨水带之间形成一种联系，这样就形成了一种贯穿城市主轴线的动量。这座建筑以水为特色，在视觉上与水连接在一起。"

在规划中，建筑雕塑般的形式象征着一个从地面上破土而出并在顶端像花朵一样开放的植物，高出地面62米。建筑结构的元素是一种混凝土臂的连续延伸，勾勒出这个多阶梯结构不同的楼层。这些混凝土臂也构成了玻璃幕墙的框架，幕墙由桁架网格十字交叉固定，让人联想到叶子的经络。建筑的内部切分出5个观众厅，顶部的音乐厅与周围的环境有着最戏剧化的关系。每个场馆都与其他场馆分开，通过单独的门厅与一个中央空间连接，中央空间沐浴在从上面的天窗洒下来的自然光线中。"我们想要创造一个像市场一样有着城市感觉的场所，"菲舍尔声称这个中央空间是精心设计的，作为迎接前来欣赏音乐会的观众及其他参观者的正门。

建筑巨大的体量矗立延展在水面上。建筑向着海洋延伸，这种具有方向性的姿势是对背景的一种利用。在建筑的另一面有许多狭窄的水道，一系列的天桥连接起这些水道，同时也是穿过这些水道的人行通道。这些内陆渠道与大海之间隔着一条人造的海堤，以保护其不受强烈海湾潮汐条件的影响。最近，这座坐落在沙基础上的小岛正在进行大规模的工程，力求减少沉降和腐蚀。而且，岛屿正在被做成模型并重新整治景观，希望创造出人工的轮廓，以满足未来建设的需要。

阿布扎比表演艺术中心的概念效果图，设计成延伸出水面的形式

有特色的植物般样式的鸟瞰图

夜景显示出建筑玻璃和混凝土幕墙叶脉一样的纹路

主观众厅有着全景画式的水景

当代艺术中心 / Diller Scofidio+Renfro建筑事务所

完成时间
2006年

地点
波士顿，马萨诸塞州，美国

设计团队
Elizabeth Diller、Ricardo Scofidio、Charles Renfro（主设计师）、Flavio Stigliano（项目主管）、Deane Simpson、Jesse Saylor、Eric Howeler（项目团队）
Perry Dean Rogers and Partners（助理建筑师）、Martha Pilgreen（委托人）、Gregory C. Burchard、Mike Waters（项目经理）、Henry Scollard（项目设计师）

结构工程
Arup纽约分公司、Markus Schulte

业主
ICA Boston

"所有的建筑表现都是与滨水的位置相对应的，"建筑师查尔斯·伦弗罗（Charles Renfro）表示。伦弗罗与伊丽莎白·迪勒（Elizabeth Diller）、里查多·斯科菲迪奥（Ricardo Scofidio）是纽约Diller Scofidio+Renfro建筑事务所的三位合伙人，他们合作设计了波士顿当代艺术中心。伦弗罗解释说他们的设计是由建筑的滨水带位置确定的。"我们从水的形象中汲取了灵感，在这条活跃的船运河道上增添了一抹特殊的景色。"实际上，从水面上才能最好地看到建筑的全貌，人们才可以从整体上得到对建筑设计的理解。波士顿当代艺术中心有70多年的历史，新楼于2004年破土动工，其基地是芝加哥的普利茨克家族（Pritzker family）捐献的市政用地，普利茨克家族是著名的普利茨克建筑奖的赞助者，也是波士顿海港Fan Pier码头的所有者。

伦弗罗表示，滨水带的位置为建筑师提供了一块白板。相较其他美国后工业时代的滨水带基地，"这里没有现有的建筑，也几乎没有工业的遗留"。这个项目是他们从业以来第一座从零开始设计的建筑，这给了他们一个机会重新审视当代艺术中心传统的白色方盒子类型，最后，他们从这个滨水带基地的城市背景获得灵感，创造出一座独特新颖、富有创造性的建筑。

在过去的20年里，波士顿整个城市都在进行更新项目；第一个在波士顿建造的博物馆已有近100年的历史了，它被视为Fan Pier码头地区大规模再开发的文化核心。正在实施的规划包括住宅、商业和市政建筑，以及酒店综合建筑，这些规划将围绕着这座博物馆产生一个集中的城市新区。

对于当代艺术中心来说，建筑周围的滨水公共空间的设计与内部空间的设计同样重要。新建筑的空间大概是老博物馆的三倍，基地原来是一个警察局。艺术中心有办公、餐厅和室外餐饮区，还有一个书店和带有工作室的两层的教育中心。建筑师非常了解艺术中心需要有灵活可变的环境，来容纳不同类型的艺术作品，他们设计的艺术中心共有4层，19800平方米，可供视觉艺术和表演艺术使用，有着多样化的空间，可以容纳一系列艺术作品和冥想空间。当夜晚灯火通明时，建筑的玻璃外立面就像一个巨大的潜望镜或灯塔。让人产生这些联想是因为建筑的前立面是开放式的，不仅让人们在建筑内部可以看到外面城市的景色，而且建筑外面的人也能看到里面的活动和表演。

设计者将建筑描述为"阀门"，透过画廊仿佛将景色过

波士顿当代艺术中心数字媒体中心内景，这间媒体中心悬挑在水面上

右页上图：剧院内景，周围是开放的玻璃幕墙，但在需要时可以遮黑

右页下图：夜晚的景象显示出建筑与滨水带的关系。建筑前面设计了一条沿着海港前沿的步行道和台阶式座位区，上面的二层悬挑出来可以遮阳避雨

滤了一遍，然后向外可以看到海港的前沿。从南侧进入建筑，参观者可乘一部玻璃围护的房间大小的电梯到达顶层，在这里可以看向水面的景色。两个没有窗户的画廊将人们的视线收回艺术中心内部以及展示的作品上。光线通过一个织物薄纱覆盖的顶棚滤进来，这个顶棚在需要时可以被遮黑。位于顶层北端的创立者展厅有着从地面到顶棚的窗户，向着外面的景色开放。顶层的下面悬挑出的是媒体中心，这是一个围合的空间，也可以走出去观赏水景，里面是一个数字媒体中心。媒体中心下方的一层，是1600平方米的室内表演空间。这个大厅的玻璃幕墙在需要时可以遮黑，但如果打开，可以让路过的人看到里面表演的景象。

设计最精彩的部分是5000平方米的顶层，也是建筑最大的一层，从建筑主体上悬挑出去，伸出在水边的海港步道上面。DS+R建筑事务所为了完成建筑这种标志性的形象与波士顿再开发管理局进行了大量谈判，结果是用向北缩回建筑的边线以加宽前面的海港步行道来交换建筑顶层突出于海滨路之上的许可。这个发光的24米长的盒子是用4个7米深的桁架支撑在空中的。

木板路伸展开来，产生出一个引人注目的台阶，一直升到建筑的一层。这个公共观景平台采用与木板路同样的厚木板铺就，与聚会空间和海港前沿融为一体。如伦弗罗所解释的，"木头如水一般涌进建筑，先是形成一个外部的大看台，然后又形成内部剧院的台阶和座位区，最后倒转在头上形成剧院的顶棚和海港边缘上一个新建外部空间的顶棚。"这个空间的元素对设计团队来说是非常重要的，它是一种象征"建筑公众性并同时切实地形成建筑公共空间"的方法。这个优秀的设计方法提高了建筑内部和外部之间的连接感。

DS+R建筑事务所说明，他们的建筑方案刻意着力在内部和外部空间之间打造一种平衡，这些内部空间有着明确的形式，如展厅、剧院和教育设施，而水边和建筑周围广阔的外部空间还需要随着再开发规划的进行才能完全确定。"我们感兴趣的是利用建筑形成一个新类型的公共空间，"伦弗罗说道，"人们会由于头顶上巨大的悬挑展厅而有一种室内感，由于木板覆面而产生一种家庭感。"然而，建筑师指出建筑前部的公共空间只有待艺术中心周围的再开发规划全部完成才能充分显现出来。而且，必须要有将建筑与城市连接起来的公共交通联系，包括要建成一个规划中与艺术中心西门直接连接的轮渡站，它可以有助于使艺术中心成为一个人们经常参观的目的地。

波士顿当代艺术中心的玻璃幕墙提供了连续的无遮挡的水上景色

展厅空间

右页上图： 波士顿当代艺术中心的夜景展示了它突出的滨水带位置。建筑所有主要的轴线都设计成导向滨水带的方向，加强了建筑和基地之间的整体关系

右页下图： 侧面的夜景。上层是磨砂玻璃幕墙，因此建筑像一个灯箱一样从内部发光。当从水上看时，效果类似于一座灯塔

挪威国家歌剧院 / 斯诺赫塔建筑事务所（Snøhetta）

完成时间
2008年

地点
奥斯陆，挪威

设计团队
Kjetil Trædal Thorsen, Tarald Lundevall, Craig Dykers, Sigrun Aunan, Simon Ewings, Rune Grasdal, Tom Holtmann, Elaine Molinar, Kari Stensrød, Øystein Tveter, Anne-Cecilie Haug, Ibrahim El Hayawan, Tine Hegli, Jette Hopp, Zenul Khan, Frank Kristiansen, Cecilia Landmark, Camilla Moneta, Aase Kari Mortensen, Frank Nodland, Andreas Nygaard, Michael Pedersen, Harriet Rikheim, Margit Tidemann Ruud, Marianne Sætre, Knut Tronstad, Tae Young Yoon, Ragnhild Momrak, Andreas Nypan, Bjørg Aabø, Christina Sletner

结构工程
Reinertsen Engineering公司

业主
挪威公共建筑和财产管理局（Statsbygg）

诺贝尔和平中心，由来自伦敦的建筑师戴维·阿加叶（David Adjaye）设计，2005年开放。德切曼斯克图书馆（Deichmanske Library）和斯特内森博物馆（Stenersen Museum）计划于2012年开放，由来自纽约的REX建筑事务所与奥斯陆的Space Group建筑事务所合作设计，后者还将一个以前的工业港口设计为一个新的180万平方米的综合功能社区。JDS建筑事务所将在霍尔门科伦（Holmenkollen）设计一个新的滑雪台。这些只是改变挪威奥斯陆建筑景观的项目中的一部分。但是，最令人期望的可能是2008年开放的国家歌剧院。该建筑被称为冰山和游轮的交叉体。这座表演艺术中心由当地的斯诺赫塔建筑事务所设计，投资超过4亿3000万欧元，共有120平方米，承载着人们的众多期待，这可能要归功于它高耸的设计，似乎要从峡湾中迸出一般。开放和可达是设计中的关键概念，建筑如同从水中席卷而出，形成了一个显著成角度倾斜的结构，升起的斜坡是一个公共空间，人们全天24小时都可以进入。斯诺赫塔事务所的主建筑师克雷格·戴克思（Craig Dykers）将他们的意图描述为"创造一个城市环境与峡湾的自然条件之间的直接联系，而不是建造一个屏障或轮廓鲜明的海陆边线，建筑从水中温和地倾斜而出，也可以说缓缓地倾斜入水，实际上这可能就是建筑与水直接的结合。"

奥斯陆1980年代开始了一项城市范围的行动，通过将工业货物从水边移到城市的郊区，来减少进入峡湾的废水量，也舒缓城市内的交通，从而清洁海港、净化水质，这些工作为后来的歌剧院项目奠定了基础。戴克思解释道，这时已经有了改进的前兆。"新的国家歌剧院建造时，海底的污染物已经被控制住，这个区域可以重新成为生物栖息的地方。在建筑的开放之日，两只天鹅出现在斜坡的边缘。在这个净化海港项目之前，这里很少看到鸟类生物的踪迹。"随着五年内附近一些项目的完成，例如附近的铁路隧道，人们有望能重新来到奥斯陆峡湾的这片区域游泳娱乐。在其他的斯堪的纳维亚城市例如哥本哈根，类似的项目已经证明，将原来的工业港口转换为可持续的公共空间并重新成为城市新的公共生活场所是大有希望的。

在城市背景和海港地区中的挪威国家歌剧院鸟瞰

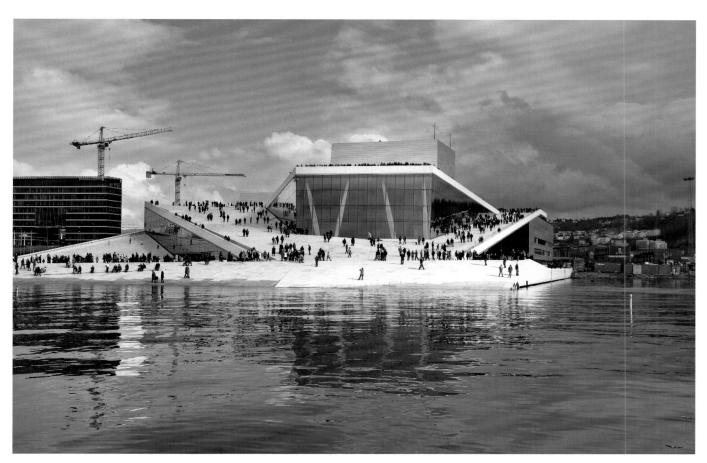

建筑周围台阶式的露台是一个广泛使用的公共空间

挪威国家歌剧院的玻璃幕墙使来到基地的参观者可以看到吸引人的内部

斯诺赫塔建筑事务所2000年在这个国家的第一个国家歌剧院的国际性设计竞赛中获胜。这座建筑容纳着挪威歌剧团和国家芭蕾舞团，共有5层。教育课程工作室、排练室、更衣室、储藏区、办公室和后部附加内部设施大多隐藏在倾斜的屋顶下面，还有两个设计成传统的马蹄形平面的听众席，分别可以容纳1350人和400人。

为了设计这座歌剧院，斯诺赫塔建筑事务所回顾了他们早先的方案，如他们为240000平方米的埃及亚历山大图书馆所做的引人注目的设计，同挪威歌剧院一样，这座图书馆与它周围的环境有着明显的关系。歌剧院38000平方米的倾斜白色石头屋顶成为一个公共空间，既为欣赏演出的观众服务，也供没有买票只是来欣赏景色的人们使用。"在开放的公共领域里，如果可以在上面行走，人们会感觉到一种自然的联系，"戴克思表示。"这个设计将很多人认为是高贵的场所——歌剧院，放置在参观者的脚下，这改变了人们与这个地方的关系。这个场所变得不那么正式，更像是人们生活的一部分。"

建筑特意地设计成向着城市地区开放，有着主要聚会空间的功能，使新的生活和工作社区重新繁荣起来，这个社区中有零售、居住和办公建筑。歌剧院的表面由一系列台阶式露台作为景观，吸引经过建筑的人来这里休闲放松。玻璃立面的塔楼从坡道空间的中央升起，使人们可以瞥见下面的文化中心，促进了空间内部和外部之间的交互性。

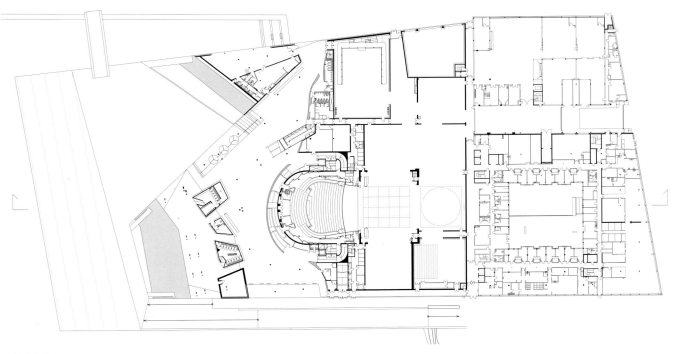

一层平面图

透过挪威国家歌剧院的玻璃幕墙可以看到海港的景色

主要的流动空间景象。观众可以沿一个抬升的坡道进入中央的
观众厅

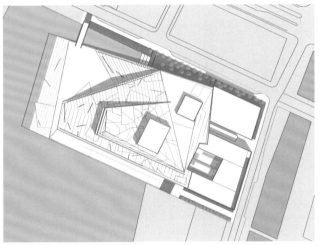

挪威国家歌剧院倾斜的屋顶坡道，白色大理石表面从峡湾中升起，就像一座冰山

基地平面图显示出台阶式的屋顶景观

为了在建筑和它的滨水带位置之间找到内在的联系，斯诺赫塔建筑事务所与挪威海事博物馆密切合作研究了基地的环境条件。这原来是一个工业码头，他们将基地用一条12000平方米的钢板墙保护起来，在水平面以下绕了基地一周，作为阻挡水渗透的屏障。建筑的地基由28000米的桩基承受，伸到水面下55米，打入坚固的底岩。这个工业废地历史上是一个工业港口，其污染的土壤由地膜（一种人造材料）包裹起来，保证没有有毒物散布到峡湾中。因为码头距新建筑只有100米的距离，他们还在海面下2米的地方放置了一个70米宽的屏障，以确保船只不与歌剧院水面下的基础相碰撞。小型休闲船只允许沿歌剧院的一侧停泊。

建筑的建造避免不了争议。自2006年8月低调开工，公众只及窥豹一斑时，三个参观者就在坚硬的表面上行走时受了伤。而且一些批评家提出，既然建筑的目标是展示挪威建筑，就应该使用挪威花岗岩而不是意大利大理石来作为歌剧院外部的覆面。当大理石由于与水的化学反应而显示出黄色时，这一点争论得更激烈了。然而，科学家声称有方法使石头变干，使它们恢复本来的颜色。

但是，将这些问题摆在一边，这座建筑显然是非常受欢迎也很吸引人的。在开放的当天，有3万人来到这里参观。"很多年来，工程师、开发者和规划者都把有利于城市发展的巨型基础结构系统放置在滨水带上。这是有利的，但效果却是大多数滨水带与它们周围的城市完全没有关系，"戴克思解释道，"新的歌剧院提出了一种建筑和文化的统一性，既是城市的又是自然的。它的主广场以建筑的形式将大海与天空直接连接起来。也因为建筑低于地面，增强了这种连接性，而不是在城市中心和城市周边之间创造出一堵墙。"

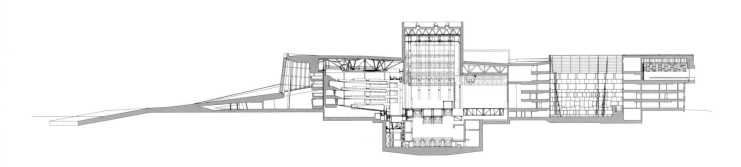

剖面图

挪威国家歌剧院在海港环境中的鸟瞰图

进入城市的高速公路上看到的景象。这条把歌剧院与城市分隔开
的道路将于2013年被移到地下隧道中

哥本哈根歌剧院 / 亨宁·拉尔森建筑师事务所

完成时间
2005年

地点
哥本哈根，丹麦

设计团队
Henning Larsen、Pear Teglgard Jeppesen（设计）
Helle Basse Larsen、Anders Park（项目建筑师）
Andreas Olrik, Carsten Hyldebrandt, Claus Simonsen, Dominic
Balmforth, Finn Laursen, Hans Amos Christensen, Hans Vogel,
Henrik Vuust, Ina Borup Sørensen, Ingela Larsson, Jacob Nørløv,
Jan Besiakov, Klavs Holm Madsen, Klaus Troldborg, Kriszti-
na Vago, Leif Andersen, Line Lange, Lise Bøkhøj, Mads Bjørn
Hansen, Maria Sommer, Matthias Lehr, Merete Alder Juul, Mette
Landorph, Mette Lorentzen, Michael Bech, Niels Brockenhuus-
Schack, Nina Nolting, Osbjørn Jacobsen, Solveig Nielsen, Søren
Lambertsen, Søren Øllgaard Pedersen, Torsten Wang, Trine
Matthiesen, Troels S. Jakobsen, Troels Troelsen, Vibeke Lydol-
ph Lindblad（项目团队）

结构工程
丹麦Ramboll公司；英国标赫国际工程顾问公司(Buro Happold)

业主
A.P.Møller and Chastine Mc-Kinney Møller Foundation

哥本哈根歌剧院是丹麦建筑师亨宁·拉尔森（Hen-ning Larsen）迄今为止最大的作品，这座歌剧院沿着通过城市中心的历史性的中轴线而建，这条中轴线从丹麦的国家天主教堂圣母教堂（Church of Our Lady）开始，通过阿美琳堡王宫（Amalienborg Palace）广场和4个皇家居住区。这个41000平方米的演出场所，花费了超过6亿欧元，被设计为海港上的地标建筑。歌剧院坐落于原先的皇家海军码头，这片地区中还有17世纪所建的红砖仓库和营房，现在容纳着皇家艺术学院，专业有戏剧、电影、建筑和音乐。从整个城市都可以见到这座歌剧院高耸的32米长悬挑屋顶以及巨大的沙岩、玻璃和钢结构的形象。里面容纳的是一个1400座的观众厅，一个200座的摄影棚，多间供乐队、合唱团、歌手和芭蕾舞者使用的排练室、工作间、更衣室、服装店、管理办公室，一个咖啡厅以及一个可以容纳200人的餐厅和几间酒吧。

建筑设计中与水的关系是毋庸置疑的。它形式上象征着一艘游轮，面临着海湾的4层门厅覆盖着有水平钢带分隔的玻璃。歌剧院向外倾斜看向中央海港，面对着阿美琳堡皇家居住区。这座建筑是城市工业滨水带新的居住、商业和文化建筑再开发项目的一部分，必然受到诸多关注。

滨水带上的建筑可不是一项简单的工作。建筑的基础位于水下14米，固定在一个钢平台上，钢平台锚固在再往下14米的海床上。歌剧院地下室层是用1米厚的混凝土墙建造的，可以抵抗水压。

歌剧院巨大的形式前面是一个广场，广场由悬挑在公共空间上方和铝框架的不锈钢顶棚覆盖着。当广场被即兴的事件和活动以及由剧院组织的演出活跃起来的时候，这个悬挑顶棚作为一种物质的和视觉的结构手段显得越发重要。当地规划要求在哥本哈根这个地区要有一条沿着滨水带的公共步行道，而且，新的广场与步行道相连，成为公共空间。如建筑师海勒·巴斯·拉尔森（Helle Basse Larsen）所解释的，广场有助于产生活力，不仅在晚上有表演的时候，在白天也是如此。"当广场两边的建筑正在建造时，人们可以参观歌剧院的咖啡厅，或者这些建筑一层的商店和餐厅。广场是与城市的连接点，"将海港周围的人行道连接在一起。

从海港看到的哥本哈根歌剧院夜景

除了步行参观歌剧院，还可以从建筑面向城市的一面乘车进入，以及从水上乘船进入。基地上一个小的公共轮渡码头每小时一开。迄今为止，只有丹麦女王在歌剧院停过私家船。

建筑师进行了歌剧院附近地区的总规划设计。在建筑的两边挖了17米宽的水渠，突出表现出歌剧院的位置是在一个岛上。一系列的桥梁将基地和城市的其他部分连接起来。附近地区规划了低层的公寓建筑和小型商业单元，还有表现出这个原来的工业区特征的历史性仓库的更新和再利用。巴斯·拉尔森希望新的规划能够"创造一个象征着克里斯钦港（Christianshavn）的城市氛围，"克里斯钦港是城市中心东南边一个受人欢迎的居住和工作社区，始建于17世纪，建造在一个人工岛上，通过一系列的桥进入。

歌剧院的前立面从地面直升到五层，由玻璃幕墙覆盖，使看向建筑门厅和社交空间的视线可以畅通无阻。与这个引人注目的前立面相比，建筑的后部在设计上要低调些。各种层次的哑光色调的砂岩从上到下覆盖了4层立面，有意与这个地区新开发规划的特征融合在一起。窗户和狭窄的采光孔在结构的体块上加上了条纹。上面两层覆盖着玻璃，使伸出到海港上方漂浮的屋顶元素的效果更加突出。

建筑门厅的设计是由观众厅球形的形式决定的，凸向玻璃表面的多层空间。它海螺般的形式满足了建筑的声学要求。这个通风的空间最显著的特征是曲线形的墙，覆盖着深色的枫木。来欣赏演出的人沿着狭窄的通道桥可以到达观众厅上层的包厢，这里有着看向空间和外面水面的畅通无阻的视线。晚上，遍布空间的嵌壁式的照明光渐渐隐去，由奥拉维尔·埃利亚松（Olafur Eliasson）设计的三个光雕作品为门厅照明，呈现出戏剧性的效果，特别是从水上看过去。如巴斯·拉尔森宣称的，海螺壳为他们提供了所需要的灵感。"它光滑的表面和能传出声音的奇妙空间正像是歌剧院的观众厅，"她说，"在它的里面也回响着精彩的音乐。"

外景。悬挑的屋顶挂在滨水的公共空间的上方，创造出了建筑与水之间物质上和视觉上的联系

建筑上层的一个瞭望甲板上可以看到整个城市的全景画

哥本哈根歌剧院的建造促进了周围社区的房地产开发

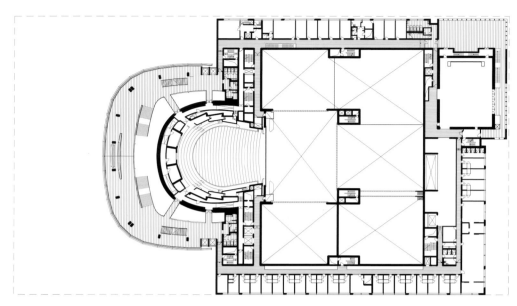

二层平面图

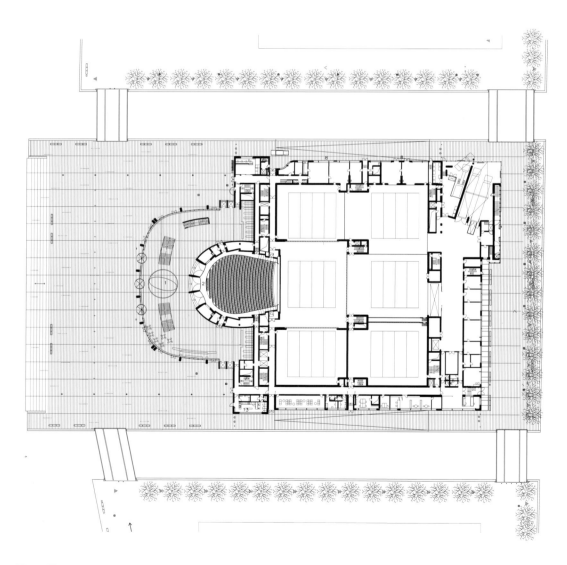

一层平面图

内部看向海港的景色

人行道桥提供了进入建筑的入口

首尔公社2026 / 韩国MASS Studies建筑事务所

完成时间
2006年（设计）

地点
Apgujongdong区，首尔，韩国

设计团队
曹敏硕、朴基顺（设计）、Joungwon Lee、Kiwoong Ko、Joonhee Lee、Bumhyun Chun、Dongchul Yang、Daewoong Kim、Jieun Lee、Jongseo Kim、Byungkyun Kim、Soonpyo Lee、Songmin Lee、Jisoo Kim（项目团队）

结构工程
Teo Structure

业主
"开放住宅：智能生活的建筑与科技"展览，德国维特拉设计博物馆和帕萨迪纳设计学院艺术中心（Vitra Design Museum, Weil am Rhein, and Art Center College of Design, Pasadena）

曹敏硕关于"首尔公社2026"的概念，如它的名称所暗示的，提出了一个调和高层居住和公共空间的新型的居住社区，促进互动性、健康生活和可持续性。对于过去40年城市主要的住宅开发，曹敏硕宣称其中幸存下来的和今天依然可行的项目都是位于"规划功能和社会功能都很复杂"的地区里。换言之，这些地区中发生着一系列的活动，人与空间共同作用产生了互动、交换和社会凝聚力。基于这个前提，首尔社区的设计尝试将这个概念在垂直方向上进行复制，这个项目是将一系列塔楼布置在一个绿色的景观中，塔楼中布置有私人住宅单元以及供地面以上的社区活动用的公共空间。曹敏硕解释道，基于当前的人口和社会的需要，这个项目反映了首尔未来的一种方向。"我们将住宅的概念作为一个简单的独立的实体，并将其转化为一个更接近于城市结构的模型。这更好地反映了我们今天是如何生活的，特别是在亚洲的这一地区，"在这里一人或两人的家庭是正常的。加上日益老龄化的人口和迅速而广泛的自动化技术的应用，曹敏硕预见到一种人们要求的家的类型的变化和人们使用这些空间的模式的变化。

这个项目是一项委托设计，是"开放住宅：智能生活的建筑与科技"展览会的一部分，这个展览会是由加利福尼亚州帕萨迪纳市的美国艺术中心设计学院和德国的维特拉设计博物馆于2007年组织的，展览的主旨是关注我们在将来可能如何生活。曹敏硕创新性设计的关键是水。一系列围绕着塔楼的渠道连接到附近的汉江，是这项设计一个不可或缺的组成部分，能供应能源并提供一个潜在的降温系统，这个潜在系统已结合在方案当中。这种地区性的能源供应减少了项目对城市主要能源供应的依赖，否则，要由超过100公里以外的西海产生的能源来供应。

曹敏硕设计的公园中的塔楼概念是从勒·柯布西耶等人的建筑中产生的最初灵感，勒·柯布西耶在20世纪设想了由高速公路、飞机跑道和公园围绕着的巨大塔楼所交织起来的现代工业城市。曹敏硕的幻想依然令人激动，但是他的概念以一种21世纪的心态将这个城市规划更新了，关注于创造更快地满足人类需要的生活条件，并考虑到超大规模建筑项目环境解决方案的重要性。

曹敏硕在美国工作了十几年后，于2003年回韩国创立了MASS Studies建筑事务所。他1992年以建筑学硕士学位毕业于哥伦比亚大学，并与詹姆斯·斯莱德（James Slade）一起创立了Cho Slade建筑事务所。在回到首尔创立他自己的公司

这一系列的居住塔楼叫作首尔公社——如名称所暗示的——既提供了公共的空间，也提供了私人居住，覆盖在一个绿色植物的格子中（由塔楼的中水喂养）有助于抵消建筑的环境影响。一系列的水渠连接着附近的汉江，能为结构创造出潜在的降温系统

方案包括15个类型不同的塔楼，每一个形成一个瘦长的古典柱式的形式，在不同的水平层和顶部有着圆屋顶、反转的圆屋顶和反转的圆锥形空间结构。每一个塔楼提供了一个空间结构的独特配置来适应不同的生活条件

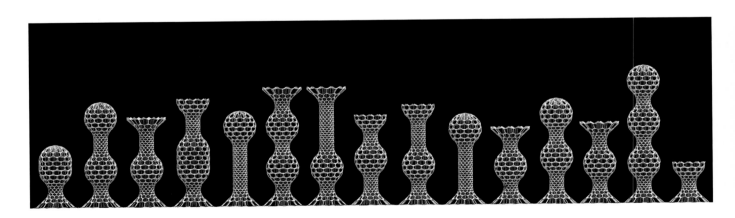

右页左上图：汉江边的方案基地鸟瞰图，这里要形成一个满足首尔日益增长的简单家庭居住需要的新高层居住密集系统

右页右上图：基地变成了绿色植物覆盖的塔楼，可以和花园结合在一起

右页下图：这六张图说明了首尔公社方案中塔楼的连锁关系以及它们与基地、滨水带和城市框架将形成怎样的联系

以前，他和斯莱德一起从事美国和韩国的项目。2000年，曹敏硕和斯莱德以他们的合作项目赢得了纽约建筑联盟的青年建筑师奖，他们的作品包括美国和韩国的住宅、在首尔为时尚设计师马蒂娜·西特邦（Martine Sitbon）设计的旗舰店，以及一个儿童主题公园，这个公园叫作"Dalkhi之家"，Dalkhi是广受欢迎的日本卡通形象Hello Kitty的韩国版。最近，曹敏硕独立为首尔一座市政厅的扩建做了方案，还有大量商业项目，包括最近为时尚设计师安·迪穆拉米斯特（Ann Demeulemeester）做的一间新的前卫店，有着用绿色植物做成的立面，形成了曹敏硕所描述的"有生命的墙"。这是曹敏硕为首尔社区在城市的尺度上提出的根本概念。

曹敏硕设计的新综合体由15座塔楼构成，每一座塔楼都由瘦长的古典柱式的形式构成，在不同的水平层和顶部有着圆屋顶、反转的圆屋顶以及反转的圆锥形空间结构。曹敏硕提出将塔楼包裹在一个由土工织物做成的外部表皮里，这是一种包裹在绿色植物里的细格子结构，顶部是双螺旋结构，有助于抵消建筑对环境的影响。通过中水的分配体系提供营养来培育这些藤蔓，它们可以在夏季几个月里提供荫凉。绿色的网格里还埋了带有自动温度和湿度传感器的造雾机，可以优化植物的环境条件。这个生态系统担负着建筑30％的降温任务，与从附近的汉江导来的地热降温和加热系统串联在一起。建筑暴露的表面上的光电板也提高了能源效率。

首尔公社将内部私密空间最小化，有利于用公共空间促进社会互动和交换。有六种不同的单元，带有卧室和卫生间。生活空间位于私密单元的外部，在居民中共享。曹敏硕将居住区等同于宾馆房间，宣称他的理想是提倡"每个基本的居住单元满足私人空间需要，同时宾馆的公共空间被所有人分享和使用，客人和非客人都一样。"

建筑成群布置在一起，在基部通过一系列步行道连接起来。车辆交通被埋在地下。建筑之间的道路和二层的一条单轨铁路提供了公共空间之间的连接。建筑主要的特征之一是它的位置，由运河和中心的一个湖所围绕。水资源除了能提供像划船和游泳这样的休闲活动的场所，还是建筑环境方案的一部分，例如加强建筑的潜热加热和降温机制。

曹敏硕总结道，尽管他接受由某些城市规划师——比如像美国的罗伯特·摩西（Robert Moses）——提出的大规模城市开发的例子，但他的设计意图是将这种开发与具有社区优势的类型结合在一起——用密度和多功能来促进各类人们之间的互动性——这也是建筑评论家简·雅各布斯（Jane Jacobs）所推崇的。"通过给项目加入丰富的计划性的和社会的复杂性，我们创造出一种新的建筑类型，真正是城市的，并更适合21世纪的生活。"

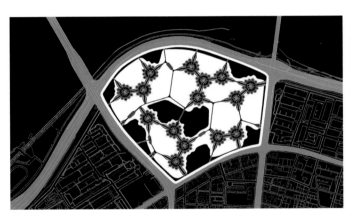

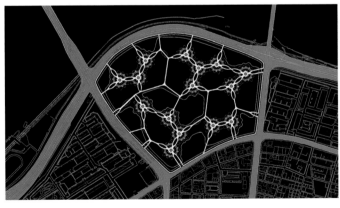
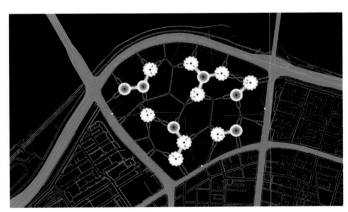
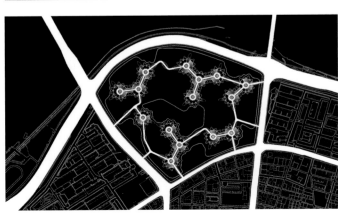
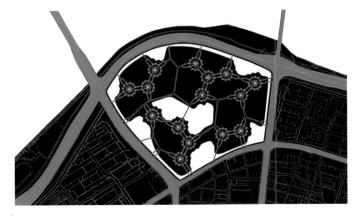

水母住宅 / IwamotoScott建筑事务所

完成时间
2006年（设计）

地点
金银岛，旧金山，加利福尼亚州，美国

设计团队
Lisa Iwamoto、Craig Scott、Tim Brager、Andrew Clemenza、Vivian Hsu、Ivan Valin、Leo Henke、Chris Gee、Tim Bragan、Eri Sano、Sean Ahlquist、Jason Cheng

结构工程
Martin Bechthold

业主
"开放住宅：智能生活的建筑与科技"展览，德国维特拉设计博物馆和帕萨迪纳设计学院艺术中心（Vitra Design Museum, Weil am Rhein, and Art Center College of Design, Pasadena）

以前的智能住宅的典型特征集中于相互联系的能力，并且通过使用最先进的技术使日常活动更高效、更快捷。1950年代中期，在约翰逊县历史博物馆（Johnson County Museum）展出的全电动式住宅为参观者呈现了进入现代科技的未来的一瞥，这座住宅装有隐藏式电视机和电卷帘门。孟山都公司的未来住宅（Monsanto House of the Future）（1957~1967年）是加利福尼亚州阿纳海姆市（Anaheim）迪士尼游乐园的一个景点，这是一个豆荚形状的住宅，令人们熟悉了例如洗碗机、微波炉和对讲系统这样的现代化设备。当今世界中的科技早已超过了这些例子中所展示的，迪士尼公司与微软公司、惠普公司和LifeWare公司合作开发了一个最新未来之家，2008年夏天开放。这座住宅探索了一种未来的可能性，即新的家庭自动化将与自动网络系统、触摸式电脑和智能设备高度连接。

除了新技术能够推动我们的社会和文化生活，许多建筑师、设计师和其他相关人员也正在尝试智能住宅的新前景，围绕着与环境相关的方法，致力于从内部和外部来改变我们的家庭建筑。

水母住宅由位于旧金山的IwamotoScott建筑事务所设计，这个事务所由莉萨·伊瓦默托（Lisa Iwamoto）和克雷格·斯科特（Craig Scott）领导，他们研究了"平静技术"（calm technology——将技术无缝地融入我们的生活，而不是让我们时时感受到技术的战栗和恐惧——译者注）的运用，进行了大量与普及性电脑的使用相关的研究。建筑师关心的是新技术与使用者之间的互动程度，即新家庭模型中先进的建筑或室内科技成为现实时，人们要会使用它们。他们表示"网络互动可能使我们在感觉不到的范围外享受到科技……也有一些利用科技的活动是我们眼前直接面对的，比如阅读邮件或拨手机号码。"但是他们暗示数字和材料技术分布在整个建筑网络中，不论"我们注意得到还是注意不到，都可以自如地使用。"

IwamotoScott的设计是受"开放住宅：建筑和科技的智能生活"展览会的委托所做，这个展览会是由加利福尼亚州帕萨迪纳市的美国艺术中心设计学院和德国的维特拉设计博物馆发起的，给设计师提出的要求是结合新兴的技术，为未来的25-50年开发新的原型住宅方案。水母住宅的设计，如它的名称所暗示的，是从水母获得的灵感。如同这种没有大脑、眼睛和中央神经系统的复杂的海洋生物一样，这座建筑能很大程

右页上图： 水母住宅方案外景，这是一个依赖于数字技术的居住生活概念。建筑的外部表面随着环境条件的变化而变化

右页下图： 水母住宅玻璃表面尽端开放的结构可以让视线畅通无阻地看到外面的景观

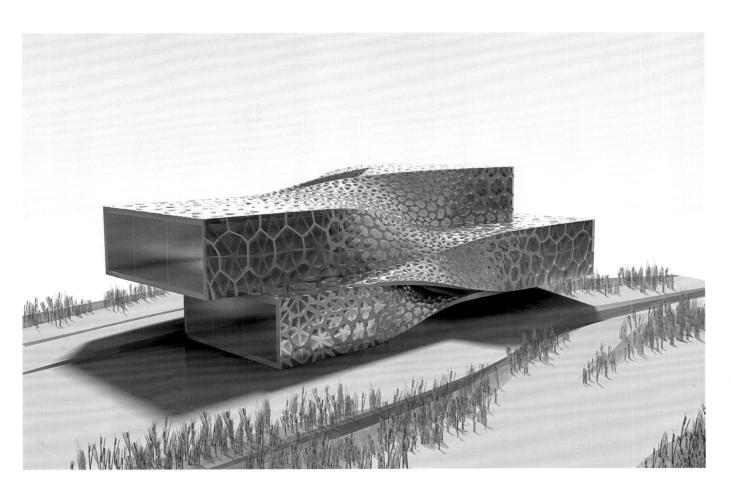

水母住宅内部流动空间的细部

右页上图：尽管水母住宅的设计中采用了直角，有助于确定活动的不同区域，住宅里外起伏的一系列坡道形成了一种住宅内生活空间的连续流动

右页下图：水母住宅两侧开放的切口使看向周围景观的视线畅通，保证了住宅和基地之间的物质上和视觉上的联系

度地适应变化的环境。IwamotoScott表示，他们的设计"试图结合新兴的材料和数字技术，根据环境的条件来确定建筑。"

IwamotoScott预言在未来我们将可以居住在以前被污染的地区，会有一种房子能通过水的再利用来清洁它们的基地。"水母住宅"就是研究这个概念的例子，设计基地位于金银岛上，这是旧金山和奥克兰之间的旧金山海湾里的一个人工岛，以前是海军基地，连接着耶尔巴布埃纳岛湿地。这座两层的建筑由两个开放尽端的管子扭曲在一起组成，有着流动的内部，适应着这个工业废地基地的条件，也适应其滨水带位置和因此而来的环境条件，如风、雾和海湾的潮汐。IwamotoScott饶有兴趣地探索了一种两栖的都市生活，通过一种水过滤过程来处理这种被有毒物质污染的基地。他们提出的策略包括将建筑埋入岛上迂回的湿地地带，能中和基地中的毒素，并成为一种暴雨径流的自然过滤厂房。

水母住宅有着可变的表皮，成了这个城市净化战略的一部分。表皮利用参数网格做成，运用了例如德洛内三角算法这样有效的几何方法，细胞组成的表皮设计得可以收集并处理雨水和建筑废水。水先通过立面上的脉络过滤，然后经过墙上的洞穴，再用紫外线灯丝暴晒，由表皮上的薄膜光生伏打提供能量，表皮同时也净化了水。IwamotoScott指出，他们的设计在不久的未来是可以实现的，因为其中运用的技术已经在消灭微生物和水净化中大规模普遍使用了。"并不是有一台电脑，你站在它前面就能控制住宅，它是更环绕的，"伊瓦默托说道。表皮上的洞穴上覆盖着二氧化钛，吸收多余的有害紫外线，只产生蓝色的可见光。于是，轻柔发光的结构使这个住宅内部和外部的清洁过程变成可见的。建筑也对光线和气候条件有所感应，由于层状的结构，以及当水通过它脉络一样的内部组织时，它的表皮不断地从不透明到透明变化。然而，如果必要，建筑的立面也可以做成完全不透明的。如斯科特解释的，"不是所有人都想看到墙里面或者随时在外面的人的注视之下。他们可能希望墙更固定，因此使用者可以调节并关闭建筑的变化状态是在设计之内的。"

水母住宅是在早先的智能家庭实例研究的基础上设计出来的，例如巴克明斯特·富勒（Buckminster Fuller）1927年设计的最大限度利用能源的住宅方案理念，其中结合了中水系统。IwamotoScott通过利用阶段性变化的材料，在他们的住宅中加入了潜在加热和降温系统，这些材料必要时可以释放或者吸收能量。设计师声明，尽管目前这种类型的加热和降温系统要求温度的稳定变化，但他们预测在未来25~50年内，建筑中的温度变化程度将能够受到控制，以保持舒适的温度。如富勒的设计一样，他们的设计目标远大。不过，让我们拭目以待它成为现实的时刻。

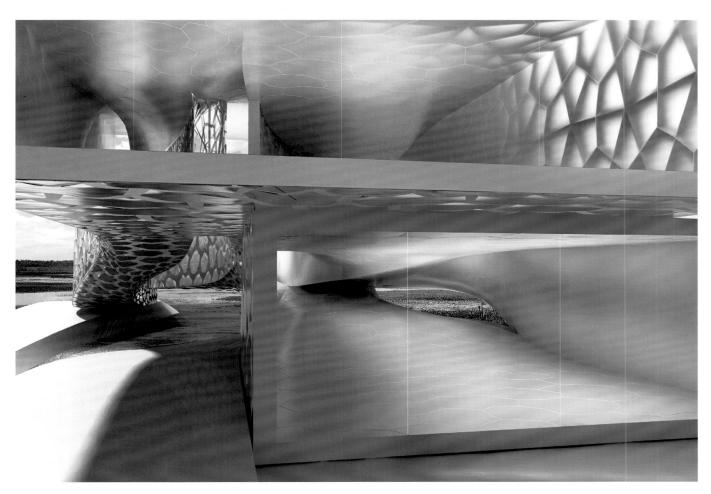

波浪花园 / 小渊谕介

完成时间
2002年（设计）

地点
南加利福尼亚州，美国

设计团队
小渊谕介

业主
普林斯顿大学硕士课题

波浪花园是一个新型电站的模型，位于南加利福尼亚州海岸之外。由小渊谕介（Yusuke Obuchi）设计，是他于2002年在普林斯顿大学提交的硕士课题，从此，这个作品就出现在大量展览中，包括2005年鹿特丹第二届国际建筑双年展。这个设计呈现的是一个占地195公顷的景观，设计成漂浮在海面之下的样子。波浪花园是代亚布罗峡谷（Diablo Canyon）核电站的替代品，至2026年，这座核电站为期40年的许可证就到期了，而这个新设计暗示着波浪能量可以成为一种传统能源的代替物。该项目由加利福尼亚的能源危机所激发，2000年和2001年的轮流停电对全州数百万人的生活造成了影响，足以证明危机已切实存在。

小渊与普林斯顿大学的科学家合作，试验了陶瓷晶体，这是一种坚硬但灵活的材料，当电流经过时，它可以产生变形。材料上的机械应力产生电荷，被称为压电，由皮埃尔·居里和雅克·居里（Pierre and Jacques Curie）于1880年代发现，它在原理上类似于炉子上的气体打火机产生的火花。

波浪花园由1734个陶瓷瓦片组成，每一个7.6厘米厚，用管状的浮筒连接在一起并支撑在水面上。在一周中，海洋波浪的运动引起灵活的瓦片弯曲，并通过压电产生能量。一周的工作日中对波浪花园产生的能量消耗的多少决定了它周末的形状，周末消耗的能源会少一些。"我感兴趣的是找到一种方法来研究建筑和社会之间的新关系，这种研究超出了城市和建筑的范畴，而是挖掘我们的文化生活，"小渊对他的概念革新如是说。如果加利福尼亚人在工作日消耗少一些的能量，他们就在周末得到奖励。瓦片就会升到表面上来形成一个带有游泳池的公园景观。然而，如果他们在周一到周五消耗了大量的能量，波浪花园就会在周末隐藏在水下，此时它在努力收回能量。小渊指出他的兴趣在于发现"水的潜在利用方式和能量消耗产生的文化运动，这是一种新的思考环境的方式。"

小渊的方案针对的是由电站产生的潜在多余能量。"电站从来不关，这样它们产生的能量总是连续的，不论需要与否，"他这样说，并提到在晚上或周末能源的需求量是减少的。"这个如城市般巨大尺度的装置能将过剩能源转化为文化或休闲活动使用。"小渊的设计促使我们留意能源消耗，也指出要重视动态中内在的可能性，而不是仅仅重视静态的转化。

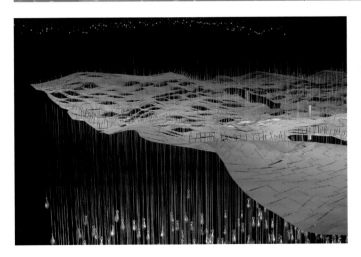

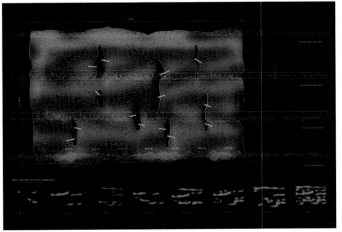

左页图: "波浪花园"方案的基地平面图,位于加利福尼亚州代亚布罗峡谷核电站附近

当"波浪花园"在周末期间变成一个海上公园,参观者看到许多岛屿,

漂浮的薄板格子,充上电就能产生出一系列用于休闲娱乐的波浪起伏的岛屿

模型展示了由1734块陶瓷瓦片薄板组成的表面,以一个计算机的互动系统为动力

尺寸是1.2×1.6公里的一块漂浮薄板的平面图。图像表明了这个海上公园可上人的表面有可能出现的形态

旧军工厂会议中心 / 博埃里建筑事务所

完成时间
2009年

地点
拉马达莱纳，意大利

设计团队
Stefano Boeri with Michele Brunello、Davor Popovic、Barbara Cadeddu、2+1 Officina Architettura、Vincenzo Vella、Liverani/Molteni Architetti、Marco Brega（设计）
Javier Deferrari、Andrea Grippo、Eugenio Feresin、Marco Tradori、Costantina Verzì、Marco Dessì、Marco Giorgio、Daniele Barillari、Mario Bastianelli、Maurizio Burragato、Andrea Barbierato（设计团队）

结构工程
Italingegneria公司；Enetec公司

业主
撒丁岛城市保护管理处

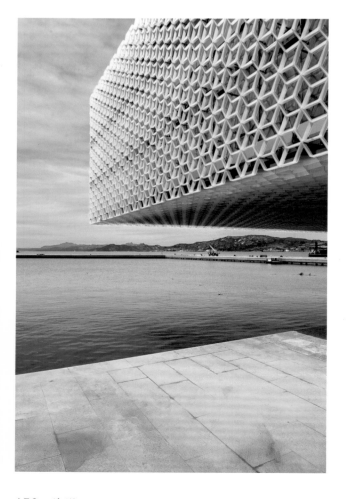

撒丁岛上的一座旧军工厂最初被定为2009年八国集团首脑会议的举办地，但2009年4月阿布鲁佐（Abruzzo）发生了地震，这个会议地点被重新安排在意大利中部的拉奎拉（L'Aquia），现在，这个旧军工厂上的综合建筑群容纳着一座新的建筑综合体和一个码头。这个项目由位于米兰的博埃里建筑事务所（Stefano Boeri Architetti）设计，根本目标是复苏这个废弃的基地，这个基地享有地中海得天独厚的位置，却承担了100年历史的沉重的军事用途，现已衰败了。"我们要复兴这个地区，这是一个对当地居民来说有着巨大象征意义的基地，但同时也有着军事污点的记号，这给我们提出了巨大而多面的挑战，"博埃里解释道。然而，"在一个有着特别自然美景的地点进行设计，就有机会创造巨大的可能性。我们的目标是将新建筑对自然景观的影响降到最小。"

这个项目需要关注各种各样的问题，尤其是基地的清洁，需要两条船在两个月的时间里每天从基地运走被石油和石蜡污染的土壤。还要确保除去并处理基地中70000吨含有铁、碳和废油的污染土地，以及380吨石棉。

这些工作一旦完成，就有了一片155000平方米的基地，下一步就是确定新建筑的位置，基地中穿插着更新过的历史性建筑，周围还有一系列沿着海港边的互相联系的公共空间。为了将这片地区转化为一个消费者感兴趣的商业基地，并促进旅游和当地社区的活动，便在其中规划了一系列各种规模的多功能建筑。这包括一个展览场所、一个酒店、一个航海学校、一个运动健康中心，还有办公空间、咖啡厅和餐厅，以及一个可以宽裕地容纳700条船的海港。希望综合的空间能吸引人们来到这个滨水带场所，度过一天的时光并能待到晚上，使这里成为拉马达莱纳镇的一个有活力的延伸区，拉马达莱纳是撒丁岛北端一个同名岛屿上的一座小镇。

旧军工厂会议中心细部以及它与地中海直接的关系

右页上图：旧军工厂会议中心的外景，悬挑在水面上

右页下图：覆盖在上层的钢格子细部，用索桁架固定在建筑上。网格既是装饰也有功能作用，为建筑暴露的立面提供了遮阳

这个精心的规划围绕整个项目中最引人注目的建筑布局，那就是会议中心，它穿孔的立面从基地上悬挑出去，就像一个巨大的鱼篓子，从一艘捕鱼船上扔出来。线形的底层如同玄武岩做成的巨石，承担着上层的结构支撑作用，上层有着超过底下一层两倍的空间，共420平方米，侧面是钢网格结构，用索桁架固定在建筑上。这个建筑细节一方面提供了装饰元素，否则这个建筑就太单调了，另一方面为这个暴露的立面担当着遮阳的功能。在内部，开放平面的空间划分成不同的房间，用于小型和大型的聚会，每一个房间都能看到水面的景色。如博埃里指出的，建筑独特的设计"反映着阳光和不同的光线条件，因此它的特征是不断变化的。在晚上，光线从内部透出，将建筑转化为一个悬挂在陆地和海洋之间的灯笼。"

除了在建筑的取暖和降温系统中采用了海水，建筑屋顶上的太阳能板和光电表面也提供了可再生能源。例如，建筑上的一部分绿色屋顶也有助于控制传热程度，雨水可以收集起来进行过滤，用于储水和酒店卫生间用水。建筑师热衷于运用尽可能多的绿色元素，这些方法有助于实现一种可持续设计，这是与项目提出的保护基地的自然生物多样性的整体目标相一致的。如博埃里声明的，尽管规划是为八国首脑会议拟定的，但"根本的理念总是有着更深远的范围"。地中海沿岸正在进行新的开发，要将这些有着数百年文明史的基地转化为具有新用途的社会景观，这些开发中有许多精华的项目，本项目的目标便是成为其中之一，既能开发旅游的机会，又能促进经济增长。

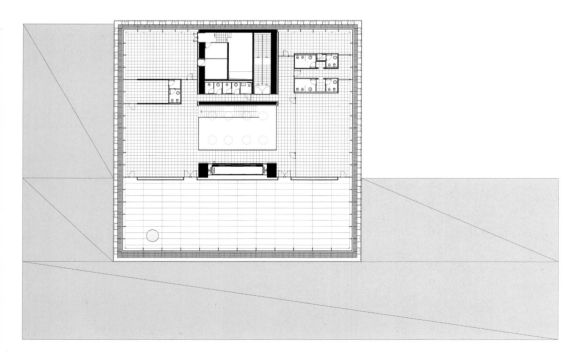

二层平面图

维萨木制设计酒店 / 皮耶塔-琳达·奥蒂拉

完成时间
2009年

地点
赫尔辛基，芬兰

设计团队
皮耶塔-琳达·奥蒂拉（Pieta Linda Auttila）（设计）

结构工程
Tero Sundberg、Hannu Hirsi

业主
芬欧汇川木业集团（UMP-Kymmene Timber）

24小时之内设计一座建筑，并完成施工文件，这似乎已经够有挑战性了，但位于赫尔辛基南港的一座新酒店的设计就做到了。不仅如此，这个项目还有其他的困难，这包括因为没有进入基地的道路，所有的建筑材料必须用船运到基地，另外，项目的基地位于一个岩石小岛上，有着不可预测的天气条件。然而，这些困难没有阻止100位建筑师入驻维萨（WISA）24小时木制设计工作室，这是一个设计竞赛，要求是创造性地设计一个大约30～40平方米的木制建筑。这项竞赛由可持续林业公司芬欧汇川木业集团组织，目的是探索可循环使用的芬兰木材的潜力，最后，皮耶塔-琳达·奥蒂拉所做的设计在竞赛中获胜，她是一位室内设计师，2009年毕业于赫尔辛基艺术设计大学。她的设计有着雕塑般的形式，灵感得自于在海滩上发现的经过水冲刷的浮木，与自然的背景十分协调。"我喜欢这个项目非常开放的概念性主题，"奥蒂拉说，同时她承认"逻辑也是需要的。"酒店建有三个部分，一个中庭连接起两间分开的客房，中庭向着自然环境开放。

中央的公共空间上面的顶棚采用了长长的波浪形白桦胶合板条，与位于基地相反两端的松木客房方正的形式形成对比，令人联想到一艘在风中扬帆起航的船。奥蒂拉在5位专业木工的帮助下才将这个设计建造完成，他们采用了8毫米厚的白桦板，这些白桦板在水中浸透，然后铸成设计的形状，最后连接在客房的结构板上，用附加的胶合板层作为支撑。"我对使用来自于造船工业的技术非常感兴趣，"奥蒂拉指出，"用这种方法与竞赛的概念主题相符合，也与滨水带的背景相协调。"奥蒂拉承认，尽管有专业人士帮助建造，但这个复杂的设计也做出了很多妥协才能建成。这包括在中庭采用了垂直的顶棚支撑。"因为无法在岩石上建造足够高的脚手架，而且风也太强，所以这些结构上的支撑是不能去掉的，"她解释。然而，因为设计的挑战很大，要完成这个形式显然要采用高水平的手工艺，这一点形成了这个偏僻的休养所的特征。中庭开放的形式与客房封闭的盒子形成对比，但这两间客房都面向着水景，并在两侧用从地板到顶棚的玻璃板构筑，可以穿过水面看到赫尔辛基城的景色。

在一个四分之三的土地都被森林覆盖的国家，像维萨工作室这样的试验性项目有助于影响创新性的概念，这些概念能促进积极的思维，并能启发用木材这种传统材料建造建筑的新方法。接受竞赛挑战之后，奥蒂拉宣称，"我总是对探索用新方式来使用熟悉的材料很感兴趣。"

右页上图：赫尔辛基南港维萨木制设计酒店后部景象

右页下图：分离式的酒店侧入口，用木板结构制成，位于水边

维萨设计酒店从地面到顶棚的玻璃前立面提供了面向水面的舷窗一样的窗户

右页上图：曲线的木板条顶棚构成了露天的阳台，与主要生活空间直线的形式形成对比，给人以波浪撞上建筑的印象，这是从海岸的背景获得的灵感

右页下图：维萨设计酒店的内景。一个玻璃隔断保证了酒店内部和外部生活空间在物质上和视觉上结合在一起，而且在整个生活空间里都能看到水面的景色，突出了酒店优越的位置

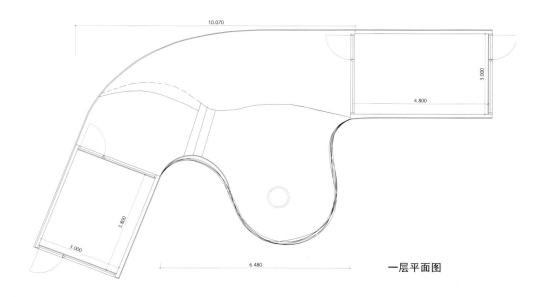

一层平面图

索引

图片来源

作者简介

佐薇·瑞安（Zoë Ryan）

曾在萨塞克斯大学、阿姆斯特丹大学和纽约市立大学亨特学院学习艺术史，并在纽约市立大学获得硕士学位。她是芝加哥艺术学院的内维尔布莱恩设计博物馆的馆长（Neville Bryan Curator of Design），在那里她负责组织展览，并奠定了博物馆的第一批当代设计藏品。瑞安是纽约现代美术馆和伦敦维多利亚与艾伯特美术馆的馆长助理，随后成为纽约凡艾伦协会（Van Alen Institute）的高级评论员，这是一个非盈利的艺术与建筑组织，在那里她组织了"好的生活：新的公共娱乐空间"展览，设置在纽约市40码头。她也在国际上发表关于艺术和设计的文章，目前是芝加哥伊利诺伊大学艺术设计学院的副教授助理。

克里斯·塞文伯根（Chris Zevenbergen）

曾在荷兰瓦宁根农业大学学习生态学，并在乌特勒支大学获得了环境工程博士学位。他是位于代尔夫特的联合国教科文组织水教育学院水工程部的教授，还是内华达州DuraVermeer公司商业开发部的主任，是一个真正的房地产开发商。他是关于城市洪水管理与防洪能力公司COST C22欧洲网络的创立者之一和主席。他的研究领域是环境工程和水管理，特别是在城市环境中管理洪水的综合方法。

迪特尔·格劳（Dieter Grau）

既是一位园丁，也是一位值得信赖的景观设计师。自1994年，他就为德国乌伯林根的载水道景观设计公司工作。载水道景观设计公司是专业做河道修复项目、水景、大规模水管理方案以及将水循环整合在建筑和城市区域里。1996年，他成为景观建筑部的负责人，现在是公司合伙人之一，负责全世界的项目，并经常在世界各地演讲。

热莉卡·卡罗尔·凯凯兹（Zeljka Carol Kekez）

拥有商业管理硕士学位，并有城市设计结业证书。正在读城市研究与规划的博士学位课程，她的研究领域是城市特性和关注于水环境的地区。她为俄勒冈州波特兰市的Walker Macy景观建筑公司以及其他不同设计公司工作，为全世界的客户指导商业开发。热莉卡·卡罗尔·凯凯兹也是载水道景观设计公司的负责人，负责战略规划和全球商业操作。

致谢

我要感谢这本书中介绍的设计师、建筑师、景观建筑师和艺术家，以及受到他们启发的客户和摄影师，是他们以革新的作品、合作和慷慨帮助我完成了这本书。除了特别指出的以外，所有引用的资料都是通过我2007年和2010年对许多从业者和专家进行的访问获得的，他们慷慨地将时间、感悟和知识赋予了这本书，丰富了它的内容，远远大于我自己能达到的程度。非常感谢奥利弗·克莱因施密特（Oliver Kleinschmidt），他为这本书做出了非常优美的图片设计。还要特别感谢迪特尔·格劳、热莉卡·卡罗尔·凯凯兹和克里斯·塞文伯根，他们为本书撰写了富有洞察力的好文章，探讨了与水有关的建筑的潜力与挑战，这些建筑或建于水上，或位于水边，或利用了水。我还受惠于雷蒙德·W.加斯蒂尔（Raymond W.Gastil），他曾是纽约凡艾伦协会的主管，现在是曼哈顿和西雅图城市规划的主管，他十分鼓励我对于建筑与水之间的交叉学科的兴趣。我还想感谢位于纽约的Lewis.Tsurumaki.Lewis建筑事务所的保罗·刘易斯（Paul Lewis）、马克·楚苏马奇（Marc Tsurumaki）和戴维·W.刘易斯（David W.Lewis）。他们于2001年在凡艾伦协会举办的展览"建筑+水"促使了我最初的研究，最后完成了这本书。最后，衷心地感谢编辑里亚·施泰恩（Ria Stein），她热情地支持这个项目，并对本书进行了敏锐的编辑和专业的指导。